Der Klang als Formel

Ein mathematisch-musikalischer Streifzug

von
Prof. em. Dr. Manfred Reimer

Oldenbourg Verlag München

Nach der Promotion an der Universität Tübingen arbeitete **Manfred Reimer** zunächst als Wissenschaftlicher Assistent am Mathematischen Institut Tübingen. 1966 folgt die Habilitation, ebenfalls in Tübingen. 1967/68 arbeitete Professor Reimer als Research Assistant Professor an der University of Maryland. 1969 wechselte er als ordentlicher Professor an die Universität Dortmund, wo er an der Gründung und dem Aufbau des Mathematischen Instituts mitwirkte, forschte und lehrte. Seit 1999 ist er emeritiert, aber weiterhin wissenschaftlich tätig.

Titelbild: © Markus Wegner / PIXELIO

Bibliografische Information der Deutschen Nationalbibliothek

Die Deutsche Nationalbibliothek verzeichnet diese Publikation in der Deutschen Nationalbibliografie; detaillierte bibliografische Daten sind im Internet über <http://dnb.d-nb.de> abrufbar.

© 2010 Oldenbourg Wissenschaftsverlag GmbH
Rosenheimer Straße 145, D-81671 München
Telefon: (089) 45051-0
oldenbourg.de

Lektorat: Kathrin Mönch
Herstellung: Anna Grosser
Coverentwurf: Kochan & Partner, München
Gedruckt auf säure- und chlorfreiem Papier
Gesamtherstellung: Grafik + Druck GmbH, München

ISBN 978-3-486-59739-4

C'est le ton qui fait la musique

Die Erschaffung der Töne

Geräusche kommen auf vielerlei Art zustande, ohne daß man sie als Töne bezeichnen würde. Töne sind eine Erfindung des Menschen. Ohne sein Zutun gibt es sie nicht. Darin gleichen sich Töne und Zahlen.

Inhaltsverzeichnis

1 Die Geometrie der Töne   **1**

Das Tonsystem des griechischen Altertums   2

    Das Pythagoräische System   3

    Das Größere Vollkommene System   4

    Struktur des griechischen Tonsystems   6

Das Tonsystem der Renaissance   13

    Claviere   15

    Eigenschaften des 7-Ton-Systems und anderer Systeme .   18

    Änderung der Begriffe   22

    Erweiterung des 7-Ton-Systems   23

    Mathematische Beschreibung des 12-Ton-Systems   27

    Division mit Rest   28

    Tonleitern im 12-Ton-System   32

Gleichschwebende Temperatur   35

    Das pythagoräische Komma   41

    Kettenbrüche   41

    Das Problem der Tonarten-Charakteristik
        beim Wohltemperierten Klavier   47

    Mehr Glanz!   50

    Warum keine 13-Ton-Musik?   52

Nachtrag   57

2   Die Natur der Töne   **59**

Transversale Schwingungen   61

    Die schwingende Saite   61

    Ton und Frequenz   69

Longitudinalschwingungen   80

    Der schwingende Stab   80

    Die schwingende Luftsäule   84

Die schwingende Membran/Die Pauke, Wellengleichung   100

    Lösung der Wellengleichung durch Produktansatz   104

    Lösung der Zeitgleichung   105

    Lösung der Ortsgleichung   106

    Bessel-Funktionen   106

    Konzentrische Schwingungen   128

    Zirkulante Schwingungen   133

    Anfangswerte und Klangfarbe   149

    Nachtrag: Herleitung der Wellengleichung

        für die schwingende Membran (fakultativ)   169

3   Zur Harmonie   **175**

Akkorde   176

Harmonices Mundi   181

Literatur (Eine Auswahl)   **185**

Index   **187**

Vorwort

Mathematik und Musik stehen in einer engen Wechselbeziehung. Sie sprechen jedoch je eine – wenn auch weltweit verstandene – eigene Sprache, was die Verständigung zwischen ihnen durchaus erschwert. Ein Brückenschlag ist also erforderlich, wobei wir die Bringschuld der Mathematik zuweisen.

Die besondere Stärke der Mathematik liegt in ihrem hohen Grad der Abstraktion und Allgemeinheit. Diese Stärke birgt in sich zugleich die Gefahr, daß die Deutung der Ergebnisse hinter den Erkenntnissen zurückbleibt. So lernt wohl jeder Mathematikstudent recht früh die Wellengleichung kennen und ahnt sicher auch, daß sie etwas mit Musik zutun hat. Aber diese erscheint oft ohne weitere Begründung, und die musikalische Deutung unterbleibt aus Zeitmangel. Ähnliches gilt für die Kettenbrüche, die wegen ihrer Approximationseigenschaften zu Anwendungen im Bereich der Wohlklänge geradezu herausfordern. Wie bedauerlich für die beiden Verwandten, für die Mathematik wie auch für die Musik.

Unser "Streifzug" soll also eine Brücke schlagen und dem wechselseitigen Interesse und Verständnis dienen. Sollen unsere Fundamente tragen, können wir bei der Darstellung allerdings nicht auf die Sprache der Mathematik verzichten. Aber wir können sie in unserem Zusammenhang etwas lockerer handhaben, brauchen nicht alle Begriffe neu zu definieren, und brauchen auch nicht immer gleich das stärkste Geschütz aufzufahren, wenn dies der Verständlichkeit und der Verständigung dient. Auch brauchen wir nicht immer die genauen Voraussetzungen zu benennen. Der Fachmann kennt sie ohnehin, und der Laie hat kaum Nutzen von ihnen. Auch ich bin Laie – in der Musik! Darin liegt für mich ein gewisses Wagnis, das ich jedoch eingehen muß. Allerdings werde ich den eigentlichen künstlerischen Bereich wohlbedacht nicht betreten.

Unser Streifzug nimmt sich die Zeit, auch auf allgemeine kulturelle Zusammenhänge hinzuweisen, durch welche Mathematik und Musik seit Jahrhunderten verbunden sind. Um den Formeln aufzuhelfen, haben wir ihn mit vielen in Maple erstellten Tabellen und Abbildungen versehen. Sie könnten gerade dem Laien oft eingängiger sein als der reine mathematische Text.

Aus systematischen Gründen kommt im ersten Kapitel der Begriff der Frequenz – von einer Anmerkung abgesehen – nicht vor. Erst im zweiten Kapitel wird er zusammen mit der Wellenlänge eingeführt und dazu benutzt, Eigenschwingungen mit Tönen zu identifizieren.

Zwei Abschnitte sind als "fakultativ" gekennzeichnet. Man kann sie ohne Verlust im Gesamtverständnis jedenfalls zunächst einmal überspringen.

Dem Oldenbourg Verlag danke ich für die Aufnahme meines Streifzugs in sein Mathematik-Programm. Frau Kathrin Mönch, der Lektorin, danke ich für ihre wertvollen Vorschläge zum Erscheinungsbild.

Manfred Reimer

Kapitel 1

Die Geometrie der Töne

Die von Monochorden ausgehenden Geräusche werden von uns Menschen (wie auch von vielen Tieren) als angenehm empfunden. Wir nennen sie Töne und unterscheiden Töne nach ihrer 'Höhe'.

Der von der Saite eines Monochords ausgehende Ton klingt anders, wenn die Saite in ihrer Länge verkürzt wird. Wir nennen ihn dann 'höher', den ursprünglichen 'tiefer'. Und erklingen zwei Saiten gleicher physikalischer Beschaffenheit zugleich, so empfinden wir einen Wohlklang, wenn ihre Längen l und m in einem einfachen rationalen Verhältnis stehen. Man kann diese Empfindungen in einem gewissen Umfang ordnen. Besonders angenehm sind die Verhältnisse $l : m = 2 : 1$ und $3 : 2$.

In der Mathematik ist es üblich, statt 3:2 auch 3/2, oder $\frac{3}{2}$ zu schreiben. Davon werden wir nach Belieben Gebrauch machen. Außerdem ist es gelegentlich hilfreich, die natürlichen Zahlen in der Menge $\mathbb{N} := \{1, 2, 3, \ldots\}$ zusammenzufassen. $n \in \mathbb{N}$ bedeutet also: n ist eine natürliche Zahl. Allgemein wird dann ein Wohlklang durch einen Bruch $\frac{p}{q}$ natürlicher Zahlen $p \in \mathbb{N}$ und $q \in \mathbb{N}$ mit kleinem Zähler p und kleinem Nenner q beschrieben.

Das Tonsystem des griechischen Altertums

Wer unser heutiges Tonsystem verstehen will, kommt nicht umhin, sich das System der Alten Griechen anzuschauen, das auf **Tetrachorden** aufbaute. Seine Beschreibung mit Hilfe unserer heutigen Begriffe ist nur näherungsweise möglich, wobei die Vertauschung von *hoch/tief* das geringste der Probleme darstellt. Wir versuchen, das System ganz aus dem Denken des Altertums heraus zu entwickeln, also möglichst ohne Antizipation der Neuzeit, insbesondere ohne Antizipation des Begriffs der Frequenz.

Schon

Pythagoras von Samos

(ca. 580 bis ca. 500 v.Chr.)

experimentierte mit dem **Monochord**, einem Versuchsinstrument zur Darstellung einzelner Töne und zur Erforschung des Zusammenhanges zwischen den **Saitenlängen** und dem Wohlklang zweier zugleich erklingender Saiten gleicher Beschaffenheit. Ein besonderer **Wohlklang** ergibt sich, wenn die Saiten in einem einfachen Längenverhältnis stehen, besonders in einem der Verhältnisse

$$1:2 \quad \text{(Oktave),}$$
$$2:3 \quad \text{(Quinte),}$$
$$3:4 \quad \text{(Quarte),}$$
$$4:5 \quad \text{(Terz).}$$

Da der Ton bei längerer Saite *'tiefer'*, bei kürzerer Saite *'höher'* genannt wird, kann die *Höhe* $H(t)$ des Tones t mit der Saitenlänge $S(t)$ [in einer beliebigen Längeneinheit] durch die Größe

$$H(t) := \frac{const}{S(t)}$$

gemessen werden, und zwar mit einer beliebigen Konstanten *const*, die der Eichung dienen kann. Ist der Ton v höher als der Ton u, so stehen ihre Tonhöhen in den folgenden Verhältnissen:

$$\frac{H(v)}{H(u)} = \frac{2}{1} \quad \text{im Falle der Oktave,}$$

$$\frac{H(v)}{H(u)} = \frac{3}{2} \quad \text{im Falle der Quinte,}$$

$$\frac{H(v)}{H(u)} = \frac{4}{3} \quad \text{im Falle der Quarte,}$$

$$\frac{H(v)}{H(u)} = \frac{5}{4} \quad \text{im Falle der Terz.}$$

Theoretisch erhält man Töne beliebiger Höhe und beliebiger Tiefe, wenn man die Saitenlänge nur klein genug oder groß genug macht. Da das aber praktisch unmöglich ist, realisiert man die Tonskala mithilfe verschiedener Saiten unterschiedlicher Beschaffenheit, wie Durchmesser und Dichte, eventuell aber gleicher Länge. Auf diesem Prinzip basieren schon im Altertum Instrumente wie Kithara und Harfe.

Das Pythagoräische System

Pythagoras versuchte, die Oktave mit Hilfe der Quinte in 6 gleichgroße Tonschritte zu unterteilen. Durch Reduktion der 2-ten Quinte um eine Oktave gewann er das Verhältnis

$$q = \frac{1}{2} \cdot \left(\frac{3}{2}\right)^2 = \frac{9}{8},$$

mit dem er aus einem Grundton u_0 der Höhe $H(u_0) = 1$ die Töne $u_1, u_2, \ldots, u_6$ mit den Tonhöhen

$$H(u_j) = q^j \cdot H(u_0) = q^j, \quad j = (0), 1, 2, \ldots, 6$$

konstruierte. Der j-te Ton entsteht also aus der $(2j)$-ten Quinte durch Erniedigung um j Oktaven. Wie schon Pythagoras bemerkte, verfehlt der letzte Ton wegen

$$\left(\tfrac{9}{8}\right)^6 = 2 + \tfrac{7153}{262144}$$

leider die Oktave um das später nach ihm benannte sogenannte **pythagoräische Komma**. Auch verfehlt das (dissonante) Verhältnis

$$\frac{H(u_2)}{H(u_0)} = \frac{81}{64} = \frac{5}{4} + \frac{1}{64}$$

ein wenig die (reine) Terz. Man nennt es die **pythagoräische Terz**.

Dennoch ist die Idee von Pythagoras, die Oktave gleichmäßig zu teilen, fundamental. Sie wird aber erst in der Neuzeit, nach der Erfindung der Potenzen und der Logarithmen, in gültiger Form verwirklicht werden, nämlich in der gleichschwebenden Temperatur.

Das Größere Vollkommene System

Das pythagoräische System hat also – trotz eines überzeugenden Ansatzes – einstweilen seine Tücken. Schon in der Antike wurde ihm deshalb durch

Aristoxenos von Tarent

(354 bis ca. 300 v.Chr.)

ein theoretisch begründetes Tonsystem gegenübergestellt, das zwei verschiedene Tonschritte (mit $q = \frac{9}{8}$ und $\frac{10}{9}$) kannte, die wegen

$$\frac{9}{8} \cdot \frac{10}{9} = \frac{5}{4}$$

zusammen eine reine (harmonische) Terz ergeben. Die Festlegung auf zwei solche Tonschritte wurde aber erst nach Aufkommen der Tasteninstrumente (Claviere) im späten Mittelalter verbindlich.

Bei

Archytas von Tarent

(4. Jh. v. Chr.)

spielte stattdessen wohl auch noch der Tonschritt mit $q = \frac{8}{7}$ eine Rolle.

Bevor wir das griechische Tonsystem erklären, bemerken wir, daß man mit den Tonhöhen rechnen kann. Dabei sind folgende Regeln wichtig:

A1. Sind u und v zwei Töne, so sind sie gleich, oder einer von ihnen ist der höhere. Führen wir ein Paar (u, v) von Tönen auf, so gilt als vereinbart, daß v höher ist als u. Entsprechendes gilt für Tripel (u, v, w), Quadrupel (u, v, w, x), usw.

A2. Bilden (u, v) eine Quinte und (v, w) eine Quarte, oder umgekehrt, so bilden (u, w) stets eine Oktave. Denn es gilt

$$\frac{H(w)}{H(u)} = \frac{H(w)}{H(v)} \cdot \frac{H(v)}{H(u)} = \frac{4}{3} \cdot \frac{3}{2} = 2.$$

Bei Vertauschung von Quinte und Quarte erhält man aufgrund des Kommutativgesetzes der Multiplikation dasselbe Ergebnis.

A3. Bilden (u, v) eine Quarte und (u, w) eine Quinte, so gilt

$$\frac{H(w)}{H(v)} = \frac{H(w)}{H(u)} \cdot \frac{H(u)}{H(v)} = \frac{3}{2} \cdot \frac{3}{4} = \frac{9}{8} \quad \textit{(Sekunde)}.$$

Wir sagen, (v, w) bilden eine *Sekunde*.

Im Prinzip reichen also Quinte und Quarte aus, um die Oktave und die Sekunde zu definieren. Das reizt den Mathematiker, das griechische Tonsystem unter Benutzung von **A1–A3** allein aus diesen beiden Begriffen **axiomatisch** abzuleiten, und zwar ohne weiteren Bezug auf die Geometrie der Saiten, die diesen Begriffen zugrundeliegt.

Auf die Natur der Töne kommen wir erst im 2. Kapitel wieder zu sprechen, wenn uns die mathematischen und naturwissenschaftlichen Begriffe der Neuzeit zur Verfügung stehen.

Struktur des griechischen Tonsystems

Um uns einen späteren Übergang zur Neuzeit zu erleichtern, werden wir einzelne Töne mit den uns heute geläufigen Bezeichnungen benennen, wie e, a, h, e', usw., ohne daß damit zunächst irgendeine Bedeutung antizipiert wird.

Tetrachorde

bestehen aus vier Tönen

$$(uxxv),$$

von denen (u, v) eine Quarte bilden. Die mit x bezeichneten Töne bleiben dabei zunächst undefiniert. Jedenfalls gilt

$$\frac{H(v)}{H(u)} = \frac{4}{3} \quad (Quarte).$$

Vielleicht konnten die vier Töne eines Tetrachords auf einer Saite gegriffen werden. Ob die Zahl *vier* hier ins Spiel kommt, weil der Daumen zum Halten des Instruments gebraucht wurde, sei dahingestellt. Jedenfalls ist der Ton v durch den Ton u bereits eindeutig bestimmt, und umgekehrt.

Zentrale Tetrachorde

sind zwei Tetrachorde

$$(exxa) \text{ und } (hxxe'),$$

bei denen (e, h) eine Quinte bilden. Es gilt also

$$\frac{H(a)}{H(e)} = \frac{4}{3} = \frac{H(e')}{H(h)} \quad (\textit{Quarten}) \tag{1}$$

und

$$\frac{H(h)}{H(e)} = \frac{3}{2} \quad (\textit{Quinte}). \tag{2}$$

Da (e, h) eine Quinte ist und (h, e') eine Quarte, so gilt nach unserer Überlegung von oben, **A2**, daß (e, e') eine Oktave ist,

$$\frac{H(e')}{H(e)} = 2 \quad \textit{(Oktave)}. \tag{3}$$

Damit stehen alle bereits ausgezeichneten Töne $(e, a, h$ und $e')$ in einem wohl definierten Verhältnis zu e, aber auch zu jedem anderen von ihnen, so daß die Tonhöhe eines jeden von ihnen die Tonhöhe der übrigen bereits eindeutig bestimmt.

Da nunmehr die Quarte (e, a) und das Paar (a, e') sich zu einer Oktave ergänzen, bilden (a, e'), wieder nach **A2**, eine Quinte,

$$\frac{H(e')}{H(a)} = \frac{3}{2} \quad \textit{(Quinte)}. \tag{4}$$

Auch ergänzen sich die Quarte (e, a) und das Paar (a, h) zu einer Quinte. Daraus folgt nach **A3**, daß (a, h) eine Sekunde ist,

$$\frac{H(h)}{H(a)} = \frac{9}{8} \quad \textit{(Sekunde)}. \tag{5}$$

Struktur-Diagramm

Wir fassen die Ergebnisse zusammen in einem Diagramm, welches die
Faktoren zeigt mit welchen sich die Töne erhöhen:

$$\underbrace{\overbrace{e \;..\; a}^{\tfrac{4}{3}} \quad \overbrace{h \;..\; e'}^{\tfrac{9}{8} \qquad \tfrac{4}{3}}}_{\tfrac{2}{1}} \tag{6}$$

Über die mit x markierten Töne ist noch nichts gesagt. Wir bezeichnen
sie mit f,g bzw. mit c',d', so daß die zentralen Tetrachorde die Form

$$(efga) \text{ und } (hc'd'e')$$

annehmen. Dabei wird zunächst nur verlangt, daß (f,c') und (g,d') wie
(e,h) im Quintenverhältnis stehen, daß also

$$H(c') := \tfrac{3}{2}H(f), \quad und \quad H(d') := \tfrac{3}{2}H(g) \tag{7}$$

gilt. Geometrisch gesehen bedeutet das: Wenn die beiden Tetrachorde
durch zwei gleichlange Saiten realisiert werden, dann können die beiden
Tonpaare je mit einem **Doppelgriff** erzeugt werden.

Absolut sind die Tonhöhen damit noch nicht festgelegt. Auch blieb es
zunächst dem Spieler überlassen, die Töne f und g einzufügen, z.b. f als
Sekunde über der Prime e und g als Terz – was diese Begriffe, wie auch
Quarte, Quinte und Oktave, zunächst einmal aus der Stellung des zweiten
Tones innerhalb der zentralen Tetrachorde als Ordinalzahlen erklärt.

Allerdings war aus rein musikalischen Gründen noch eine gewisse Regel
zu beachten. Um sie herzuleiten betrachten wir noch einmal das Diagramm (6). Es fällt auf, daß eine dreimalige Erhöhung von e um den
dort auftretenden Faktor $\tfrac{9}{8}$ wegen

$$\left(\tfrac{9}{8}\right)^3 = 1,42\ldots > 1,33\ldots = \tfrac{4}{3}$$

deutlich über den Ton a hinwegschießen würde. In anderen Worten, im (geometrischen) Mittel sind die drei Abstände zwischen den Tönen e, f, g, a deutlich kleiner als der Abstand von a und h. Genauer treffen würde man mit dem Faktor

$$\left(\tfrac{9}{8}\right)^{\frac{5}{2}} = 1{,}34\ldots > 1{,}33\ldots = \tfrac{4}{3},$$

also bei "zweieinhalb-maliger" Anwendung des Faktors $\tfrac{9}{8}$.

Ganzton- und Halbtonschritte

Nennt man nun eine Erhöhung um (etwa) den Faktor $\tfrac{9}{8}$ einen **Ganztonschritt**, die Erhöhung um (etwa) den Faktor $\left(\tfrac{9}{8}\right)^{\frac{1}{2}}$ einen **Halbtonschritt**, so war die Regel, daß f und g im Tetrachord ($e..a$) so einzufügen sind, daß 2 Ganztonschritte und 1 Halbtonschritt entstehen, und zwar nach dem Schema

$$e_\vee f_{\vee\vee} g_{\vee\vee} a,$$

wobei $\vee$ jeweils einem Halbtonschritt, $\vee\vee$ einem Ganztonschritt entspricht. Die zentralen Tetrachorde nehmen damit die folgende Struktur an:

$$e_\vee f_{\vee\vee} g_{\vee\vee} a_{\vee\vee} h_\vee c'_{\vee\vee} d'_{\vee\vee} e', \tag{8}$$

wobei (7) berücksichtigt wurde.

Es gab im Altertum eine Fülle an Realisierungsvorschlägen, auf die wir nicht im einzelnen eingehen können. Platon sah nur eine Art von Ganztonschritten im Verhältnis 9:8 vor, was aber für die Halbtonschritte zwingend das viel zu komplizierte Verhältnis

$$\frac{4}{3} \cdot \left(\frac{8}{9}\right)^2 = \frac{256}{243}$$

nach sich zieht. Durchgesetzt haben sich später die Verhältnisse

9:8   (großer Ganztonschritt)

10:9   (kleiner Ganztonschritt)

des Aristoxenos, nicht jedoch das Verhältnis

$$8{:}7 \quad \text{(übergroßer Ganztonschritt)}$$

des Archytas. Wir kommen darauf zurück, und fassen einstweilen zusammen:

> Die Töne der zentralen Tetrachorde erfüllen in Bezug auf ihre Abstände das Schema (8). Jeder der Töne e, a, h, e' bestimmt die übrigen drei auf eindeutige Weise. f und g werden durch den Spieler festgelegt. Sie bestimmen danach c' und d' auf eindeutige Weise.

Die Alten Griechen begnügten sich nicht mit den zwei zentralen Tetrachorden (II und III). Durch ein **verschränktes Anfügen** je eines weiteren Tetrachords nach unten (I) und nach oben (IV) erweiterten sie das System und erhielten

Das Größere Vollkommene System (GVS)
($\sigma\acute{v}\sigma\tau\eta\mu\alpha$ $\tau\acute{\epsilon}\lambda\epsilon\iota o\nu$ $\mu\epsilon\bar{\iota}\zeta o\nu$)

Es hat die Struktur

$$\text{Quinten}$$

$$A \; H \; c \; d \; e \; f \; g \; a \; h \; c'\,d'\; e'\!f'\!g'\!a'$$

$$\text{II} \qquad \text{III}$$
$$\text{I} \qquad\qquad\qquad \text{IV}$$
$$\text{Quarten}$$

Die neuen Tetrachorde $(Hcde)$ und $(e'f'g'a')$ sind verschränkt über die bereits vorhandenen Töne e und e'. Da (H,e) eine Quarte ist und (e,h) eine Quinte, so ist (H,h) eine Oktave. Entsprechend stellt man fest, daß (a,a') eine Oktave ist. Danach wird der das System nach unten abschließende Ton A so definiert, daß auch noch (A,a) zur Oktave wird.

Es sind noch die inneren Töne der neuen Tetrachorde zu definieren. Das geschieht dadurch, daß man den Tetrachord I im Verhältnis von II, den Tetrachord IV im Verhältnis von III teilt. Dann sind auch

$$(c,c'),\ (d,d'),\ (f,f'),\ (g,g')$$

Oktaven. Wir zeigen das exemplarisch für (c,c').

Nach Voraussetzung gilt $\frac{H(c)}{H(e)} = \frac{H(f)}{H(a)}$. Damit ergibt sich

$$
\begin{aligned}
\frac{H(c')}{H(c)} &= \frac{H(c')}{H(f)} \cdot \frac{H(f)}{H(a)} \cdot \frac{H(a)}{H(c)} \\[1em]
&= \frac{H(c')}{H(f)} \cdot \frac{H(c)}{H(e)} \cdot \frac{H(a)}{H(c)} \\[1em]
&= \frac{H(c')}{H(f)} \cdot \frac{H(a)}{H(e)} = \frac{3}{2} \cdot \frac{4}{3} = 2\,,
\end{aligned}
\tag{9}
$$

wie behauptet, wobei wir zuletzt (7) benutzt haben.

Durch ein Zusammenfassen aller bisherigen Ergebnisse ergeben sich zuletzt die Tonhöhen von Tabelle 1.

Ton t	$\dfrac{H(t)}{H(a')}$
a'	1
e'	$\dfrac{3}{4}$
h	$\dfrac{9}{16}$
a	$\dfrac{1}{2}$
e	$\dfrac{3}{8}$
H	$\dfrac{9}{32}$
A	$\dfrac{1}{4}$

Tabelle 1.

Aus den Tönen des GVS konnten 7 aus Doppeltetrachorden bestehende **Tonleitern** gebildet werden. Es sind dies:

a - a'	hyperdorisch
g - g'	hyperphrygisch
f - f'	hyperlydisch
e - e'	dorisch
d - d'	phrygisch
c - c'	lydisch
H - h	mixolydisch.

Sie unterscheiden sich durch die Stellung der Halbtonschritte. Der Spieler legte die noch nicht endgültig definierten Töne f und g in Abhängigkeit von der Tonart selbständig fest. Damit beenden wir unseren Ausflug in den Aufbau des Tonsystems des Altertums.

Literaturhinweis

Wer über die Musik des griechischen Altertums mehr wissen möchte, der schaue in den "Kleinen Pauly", das profunde Vermächtnis der Altphilologen in 5 Bänden.

Das Tonsystem der Renaissance

Wie schon sein Name besagt, betrachteten die Alten Griechen das Größere Vollkommene System zunächst als abgeschlossen. Spätestens aber im ausgehenden Mittelalter verfügten neue Instrumente, wie Clavichord, Cembalo, Orgel, über einen so großen Tonumfang, daß das GVS erweitert werden mußte.

Eine solche Erweiterung hätte zum Beipiel dadurch bewirkt werden können, daß weitere Tetrachorde an die Tetrachorde I bis IV verschränkt angehängt wurden. Das hätte zu vielen neuen Quarten geführt, jedoch nur auf wenige neue Quinten.

Indes kann man das GVS ganz neu auffassen, indem man die 7 Töne der

Grundperiode

c d e f g a h

zur Tonbasis erklärt, und die anderen, schon benannten Töne aus diesen über die Oktave ableitet. Das liefert dann sofort die Möglichkeit, das System **konsistent** mit dem GVS mit der Oktave als Periode fortzusetzen. Man erhält so zum Beispiel die Töne der 1. Periode

$$c'd'e'f'g'a'h'$$

als Oktaven über den Tönen der Grundperiode, das heißt als Töne mit doppelter Tonhöhe. Der letzte von ihnen ist neu. Halbiert man die Tonhö-

hen der Töne der Grundperiode, so erhält man entsprechend die Töne
der Periode

$$C\ D\ E\ F\ G\ A\ H,$$

von denen alle außer A und H neu sind. So kann man beliebig fortfahren
und erhält das Oktav-periodische

> **7-Ton-System**
>
> $\ldots A\ H\ c\ d\ e\ f\ g\ a\ h\ c'd'\ldots$

mit noch beliebigen Tönen f und g, welche aber der Struktur

$$e_\vee f_{\vee\vee} g_{\vee\vee} a \tag{10}$$

genügen müssen. Im *Violinschlüssel* werden die Töne wie folgt notiert:

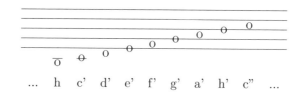

$$\ldots\quad \text{h}\quad \text{c'}\quad \text{d'}\quad \text{e'}\quad \text{f'}\quad \text{g'}\quad \text{a'}\quad \text{h'}\quad \text{c''}\quad \ldots$$

Durch die Periodisierung mit der Oktave erhält man nicht nur einen
beliebig großen Vorrat an Tönen, sondern überträgt auf sie zugleich auch
die Struktur des GVS. Bilden nämlich (u, u') und (v, v') je eine Oktave,
so gilt

$$\frac{H(u')}{H(v')} = \frac{2H(u)}{2H(v)} = \frac{H(u)}{H(v)}.$$

Das heißt, bilden (u, v) eine Oktave, Quinte oder Quarte, usw., so bilden
auch (u', v') eine Oktave, Quinte oder Quarte, usw.

Claviere

Eine wesentliche Neuerung zu Beginn der Renaissance war die Einführung der *Claviere*. Das sind Instrumente mit einer festen *Klaviatur* (von *lat. clavis*, der Schlüssel, die Taste), wie Clavichord, Cembalo, Orgel, usw. Sie überließen die Festlegung der Töne f und g nicht mehr dem Spieler, und damit kein Chaos beim Zusammenspiel mit anderen Instrumenten ausbrach, war es nun erforderlich, über f und g, und damit über alle von ihnen abhängenden Töne verbindlich zu entscheiden.

Es war naheliegend, mindestens eines der Intervalle (f,g) und (g,a) als Sekunde (9:8) festzulegen. Hätte man aber beide über die Sekunde definiert, so hätte sich für (f,a) das Verhältnis 81:64 ergeben, also die dissonante pythagoräische Terz. Warum sollte man sich aber nicht für das Verhältnis 80:64 entscheiden, das genau der Terz (5:4) entspricht? Tatsächlich erfolgte die Definition von f und g jetzt über die Verhältnisse

A4 $$\frac{H(a)}{H(f)} = \frac{5}{4} \qquad \textit{(Terz)}$$

$$\tag{11}$$

und

A5 $$\frac{H(g)}{H(f)} = \frac{9}{8} \qquad \textit{(Sekunde)},$$

$$\tag{12}$$

was

$$\frac{H(a)}{H(g)} = \frac{10}{9} \tag{13}$$

nach sich zieht, also einer Tonstufe des Aristoxenos entspricht. Wegen

$$\frac{9}{8} - \frac{10}{9} = \frac{1}{72}$$

ergeben sich dabei zwei als Ganztonschritte akzeptable Intervalle (f,g)

und (g,a). Daneben folgt aus

$$\frac{H(f)}{H(e)} = \frac{H(f)}{H(a)} \cdot \frac{H(a)}{H(e)} = \frac{4}{5} \cdot \frac{4}{3}$$

das Verhältnis

$$\frac{H(f)}{H(e)} = \frac{16}{15} \qquad (kl.\ Sekunde),$$

das man eine kleine Sekunde nennt. Wegen

$$\left(\frac{16}{15}\right)^2 - \frac{9}{8} = \frac{23}{1800} < \frac{1}{78}$$

ist sie als Halbtonschritt akzeptabel, unsere Definitionen stehen also im Einklang mit der Forderung (10), und die Definition des **7-Ton-Systems** ist abgeschlossen. Mit den Definitionen A4 und A5 nennt man es die

---

Reine Stimmung.

Es benutzt, wie schon Aristoxenos, zwei verschiedene Ganztonschritte ($\frac{9}{8}$ und $\frac{10}{9}$), die zusammen eine Terz ergeben.

Unter Benutzung aller unserer Definitionen und der Oktav-Periodizität ergibt sich für die Grundperiode die Tabelle 2.

Hier korrespondieren die Intervall-Bezeichnungen mit den entsprechenden Ordinalzahlen. Das gilt nicht mehr im vollen Sinne für die Tabelle 2a, welche sich auf die zentralen Tetrachorde bezieht.

Nr.	Ton t	$\frac{H(t)}{H(c)}$	Anstieg (Faktor)	Ganzton–Schritte	(c,t)
1	c	1			Prime
			$\frac{9}{8}$	1	
2	d	$\frac{9}{8}$			Sekunde
			$\frac{10}{9}$	1	
3	e	$\frac{5}{4}$			Terz
			$\frac{16}{15}$	$\frac{1}{2}$	
4	f	$\frac{4}{3}$			Quarte
			$\frac{9}{8}$	1	
5	g	$\frac{3}{2}$			Quinte
			$\frac{10}{9}$	1	
6	a	$\frac{5}{3}$			Sexte
			$\frac{9}{8}$	1	
7	h	$\frac{15}{8}$			Septime
			$\frac{16}{15}$	$\frac{1}{2}$	
8	c'	2			Oktave

Tabelle 2

(Grundperiode des 7-Ton-Systems in reiner Stimmung)

Nr.	Ton t	$\frac{H(t)}{H(e)}$	Anstieg (Faktor)	Ganzton–Schritte	(e,t)
1	e	1			Prime
			$\frac{16}{15}$	$\frac{1}{2}$	
2	f	$\frac{16}{15}$			kl. Sekunde
			$\frac{9}{8}$	1	
3	g	$\frac{6}{5}$			kl. Terz
			$\frac{10}{9}$	1	
4	a	$\frac{4}{3}$			Quarte
			$\frac{9}{8}$	1	
5	h	$\frac{3}{2}$			Quinte
			$\frac{16}{15}$	$\frac{1}{2}$	
6	c'	$\frac{8}{5}$			kl. Sexte
			$\frac{9}{8}$	1	
7	d'	$\frac{9}{5}$			Septime
			$\frac{10}{9}$	1	
8	e'	2			Oktave

Tabelle 2a

(Zentrale Tetrachorde)

Und wir haben für die Bezeichnung des Intervalls (e,t) weitere neue Begriffe einführen müssen, wie *kleine Terz* (6:5) und *kleine Sexte* (8:5).

Eigenschaften des 7-Ton-Systems und anderer Systeme

Das periodische 7-Ton-System enthält mit jedem Ton u auch die Oktave u' dazu, und jeder Ton ist auch die Oktave eines anderen Tones. Wir sagen, das System sei

Oktaven-vollständig .

Entsprechend kann man sich *Quinten-* und *Quarten-vollständige Systeme* vorstellen, bei denen beliebig Quinten bzw. Quarten gebildet werden können, nach oben wie nach unten. Musikalisch besonders interessant wäre es dann, wenn ein Tonsystem mehrere dieser Eigenschaften hätte. Damit kommen wir zum

Quinten-Problem .

Es zeigt sich indes, daß man die Oktave (e,e') auf keine Weise so teilen kann, mit wievielen Tönen auch immer, daß das entstehende System sowohl Quinten- als auch Oktaven-vollständig ist. Dies ist mathematisch zu beweisen.

Betrachten wir dazu ein Oktaven-vollständiges Tonsystem mit den Tönen x und x', zwischen denen nur eine endliche Anzahl von Tönen des Systems liegt, und nehmen an, es sei auch Quinten-vollständig. Ausgehend von $u_0 := x$ bilden wir iterativ die Töne u_1, u_2,...,u_j,... im Quinten-Abstand. Der j-te Ton hat dann die Tonhöhe

$$H(u_j) = \left(\frac{3}{2}\right)^j \cdot H(u_0).$$

Im Oktavabstand hat er Vorgänger v_1, v_2,...,v_m,..., von denen genau einer garantiert zwischen x und x' liegt oder mit x übereinstimmt. Der Ton hängt nur von j ab, es sei der Ton $r_j = v_m$. Seine Tonhöhe ist

$$H(r_j) = \frac{1}{2^m} \left(\frac{3}{2}\right)^j \cdot H(u_0).$$

Diese Konstruktion führen wir für $j = 1$, $j = 2$, usw. durch, und erhalten die Töne r_1, r_2,..., die sämtlich zwischen x (eingeschlossen) und x' liegen. Von diesen Tönen gibt es aber nur eine endliche Anzahl. Also müssen zwei von ihnen übereinstimmen, sagen wir r_j und r_k, mit $k \neq j$ und

$$H(r_k) = \frac{1}{2^n} \left(\frac{3}{2}\right)^k \cdot H(u_0).$$

Wegen $H(r_k) = H(r_j)$ gilt dann

$$\frac{1}{2^n} \left(\frac{3}{2}\right)^k = \frac{1}{2^m} \left(\frac{3}{2}\right)^j,$$

und hieraus erhält man

$$2^{m+j} \cdot 3^k = 2^{n+k} \cdot 3^j.$$

Hier sind alle auftretenden Exponenten natürliche Zahlen. Eine solche Beziehung kann indes zwischen den Primzahlen 2 und 3 wegen $j \neq k$ nicht bestehen. Das folgt aus dem Satz von

Ernst Friedrich Ferdinand Zermelo
(1871 – 1953, Berlin - Freiburg)

über die Eindeutigkeit der Primfaktorzerlegung natürlicher Zahlen:

Satz *(Zermelo)*
Jede natürliche Zahl $z \geq 2$ besitzt eine eindeutig bestimmte Faktorisierung

$$z = p_1^{n_1} \cdot p_2^{n_2} \cdots \cdot p_r^{n_r}$$

mit einer natürlichen Zahl r, Primzahlen

$$p_1 < p_2 < \cdots < p_r$$

und natürlichen Zahlen $n_1, n_2, \ldots, n_r$.

Man kann sich fragen, wieso ein so einleuchtender Satz erst so spät seinen Beweis gefunden hat. Tatsächlich liegt er keinesfalls an der Oberfläche. Das sieht man schon daran, daß der Beweis in ziemlich raffinierter Weise das *Wohlordnungs-Axiom* der natürlichen Zahlen benutzt, welches besagt, daß jede nichtleere Teilmenge von $\mathbb{N}$ ein kleinstes Element enthält. Wir können den Beweis hier nur andeuten.

Zunächst ist es recht einfach zu erkennen, daß jede natürliche Zahl $z \geq 2$ eine Faktorisierung, wie angegeben, überhaupt besitzt. Angenommen aber nun, der Satz sei falsch. Dann betrachtet man die Menge aller $z \geq 2$, die mehr als eine solche Faktorisierung besitzen. Unter diesen z gibt es ein kleinstes (!), und für dieses kleinste z wird ein Widerspruch konstruiert. Was dann zeigt, daß die Annahme, der Satz sei falsch, selber falsch gewesen sein muß. Also ziemlich kompliziert!

Wir merken uns:

> **Kein Tonsystem ist sowohl Oktaven-
> als auch Quinten-vollständig.**

Da sich Quinte und Quarte zur Oktave ergänzen (**A2**), folgt hieraus unmittelbar:

> ### Kein Tonsystem ist sowohl Quinten- als auch Quarten-vollständig.

Entsprechendes beweist man für die Sekunde. Hier ist daran zu erinnern, daß schon Pythagoras sich darüber geärgert hat, daß die Sekunde nicht in der Oktave aufgeht, und vielmehr das nach ihm benannte

pythagoräische Komma

auftritt. Nach diesem etwas ernüchternden Ergebnis wenden wir uns noch einmal den Basistönen

$$c \; d \; e \; f \; g \; a \; h \; (c')$$

zu, deren Tonhöhen der Tabelle 2 zu entnehmen sind und deren Oktaven

$$c' d' e' f' g' a' h' (c'')$$

gerade die doppelte Tonhöhe haben.

Wir wissen bereits, daß nicht zu allen Tönen die Quinte gebildet werden kann. Tatsächlich gibt es nach Konstruktion die Quinten

$$(e,h), \; (f,c'), \; (g,d'), \; (a,e') \; und \; (c,g) \; .$$

Dagegen ist es unmöglich die Quinte zu d und zu h zu bilden.

Denn wäre zum Beispiel (d, x) eine Quinte, so müßte x die Tonhöhe

$$H(x) = \tfrac{3}{2} \cdot H(d) = \tfrac{3}{2} \cdot \tfrac{9}{8} \cdot H(c) = \tfrac{27}{16} \cdot H(c)$$

haben, einen solchen Ton gibt es aber nicht, vgl. Tabelle 2. Wegen

$$\frac{27}{16} - \frac{5}{3} = \frac{1}{48}$$

wäre aber der Abstand zu a sehr klein. Tatsächlich gilt mit sehr großer Genauigkeit

$$\frac{H(a)}{H(d)} = \frac{40}{27} \approx \frac{3}{2},$$

man könnte also geneigt sein, (d, a) als Quinte *anzusehen*, was aber begrifflich zu Problemen führen müßte. Vernünftiger ist eine

Änderung der Begriffe

Um möglichst vielen Tönen zu einer Quinte (bzw. Quarte usw.) zu verhelfen, definieren wir diese Begriffe im weiteren nicht mehr über die Tonhöhe, sondern mithilfe der Anzahl der zwischen zwei Tönen liegenden Ganzton- und Halbtonschritte, wobei zwei Halbtonschritte wie ein Ganztonschritt zu zählen sind. Dadurch wird die Struktur natürlich vergröbert. Einen Teil der möglichen Definitionen zeigt die Tabelle 3.

(u, v)	Ganzton–Schritte	Halbton–Schritte	$H(v)/H(u)$
Prime	0	0	1
kl. Sekunde	$\frac{1}{2}$	1	$\frac{16}{15}$
(gr.) Sekunde	1	2	$\frac{9}{8}$ oder $\frac{10}{9}$
kl. Terz	$1\frac{1}{2}$	3	$\frac{6}{5}$ oder $\frac{32}{27}$
(gr.) Terz	2	4	$\frac{5}{4}$
Quarte	$2\frac{1}{2}$	5	$\frac{4}{3}$ oder $\frac{27}{20}$
Quinte	$3\frac{1}{2}$	7	$\frac{3}{2}$ oder $\frac{40}{27}$
Oktave	6	12	2

Tabelle 3
(Neue Definitionen)

Es gibt jetzt also unter anderem Quinten zweierlei Art. Um sie zu unterscheiden, nennen wir die Quinten mit dem Verhältnis 3:2 *rein*, die mit dem Verhältnis 40:27 *nichtrein*. Dazu folgende Beispiele:

reine Quinten: (c,g), (e,h), (f,c'), (g,d'), (a,e'),

nichtreine Quinten: (d,a).

Das Verhältnis von reiner Quinte zu nichtreiner Quinte ist

$$\tfrac{3}{2} : \tfrac{40}{27} = \tfrac{3}{2} \cdot \tfrac{27}{40} = \tfrac{81}{80} = 1 + \tfrac{1}{80},$$

weicht also nur um $\tfrac{1}{80}$ von 1 ab, was kaum zu hören ist.

Erweiterung des 7-Ton-Systems

Während jetzt auch zu d die Quinte gebildet werden kann, wenn auch nur die nichtreine, bleibt h, und damit auch H, ganz unversorgt. Führt man nämlich das Schema (8) nach unten fort, so erkennt man, daß dem Intervall (H, f) drei Ganztonschritte entsprechen, dem Intervall (H, g) vier. Die Quinte hat aber $3\tfrac{1}{2}$. Es fehlt also ein Ton zwischen f und g. Wie soll man ihn definieren?

Nehmen wir an, x ist der fehlende Ton. Unter Benutzung von Tabelle 2 erhält man

$$\frac{H(x)}{H(f)} = \frac{H(x)}{H(H)} \cdot \frac{\tfrac{1}{2}H(h)}{H(c)} \cdot \frac{H(c)}{H(f)} = \frac{H(x)}{H(H)} \cdot \frac{15}{16} \cdot \frac{3}{4},$$

also

$$\frac{H(x)}{H(f)} = \frac{45}{64} \cdot \frac{H(x)}{H(H)}.$$

Ist also (H, x) eine reine Quinte, so gilt

$$\frac{H(x)}{H(f)} = \frac{45}{64} \cdot \frac{3}{2} = \frac{135}{128}.$$

Ist aber (H, x) eine nichtreine Quinte, so ergibt sich

$$\frac{H(x)}{H(f)} = \frac{45}{64} \cdot \frac{40}{27} = \frac{25}{24}.$$

Es ist nun naheliegend, zur Definition des neuen Tones das einfachere, und der Naturton-Reihe (s. Kap. 2) entsprechende Verhältnis heranzuziehen, also $x=fis$ über

$$H(fis) = \tfrac{25}{24} \cdot H(f)$$

zu definieren, so daß (H, fis) zu einer nichtreinen Quinte wird.

Unter Benutzung von Tabelle 2 erhält man noch

$$\frac{H(g)}{H(fis)} = \frac{H(g)}{H(f)} \cdot \frac{H(f)}{H(fis)} = \frac{9}{8} \cdot \frac{24}{25},$$

also

$$H(g) = \tfrac{27}{25} \cdot H(fis).$$

Wegen

$$\left(\tfrac{25}{24}\right)^2 = \left(1 - \tfrac{23}{648}\right) \cdot \tfrac{9}{8}$$

und

$$\left(\tfrac{27}{25}\right)^2 = \left(1 + \tfrac{23}{625}\right) \cdot \tfrac{9}{8}$$

sind die Intervalle (f, fis) und (fis, g) als Halbtonschritte akzeptabel. Das Schema (8) kann also erweitert werden durch Einfügen von

$$\ldots f_\vee fis_\vee g \ldots$$

Man erkennt nun sogleich, daß auf fis wiederum keine Quinte errichtet werden kann. Es fehlt ein Ton zwischen c und d, der mit cis bezeichnet und durch

$$H(cis) = \tfrac{25}{24} \cdot H(c)$$

definiert wird. So können alle Ganztonschritte in (8) aufgelöst werden durch Einfügen der Töne

$$fis, \ cis, \ gis, \ dis, \ ais$$

im Halbtonschritt-Abstand unter jeweiliger **Erhöhung** im Verhältnis 25:24, also nach dem Schema

$$H(x\text{-}is) = \tfrac{25}{24} \cdot H(x), \tag{14}$$

$x = f, \ c, \ g, \ d, \ a.$

Ein neues Problem entsteht indes, wenn man das Fehlen der Quinten nach unten zu einer entsprechenden Definition neuer Töne unter einer jeweiligen **Erniedrigung** im Verhältnis 24:25 benutzt, was wieder nicht-reinen Quinten entspricht und die Töne

$$ges, \ des, \ as, \ es, \ b \ (=hes)$$

ergibt. Diese Töne werden also nach dem Schema

$$H(x\text{-}es) = \tfrac{24}{25} \cdot H(x), \tag{15}$$

$x = g, \ d, \ a, \ e, \ h$ eingefügt. Sie stimmen mit den zuvor gebildeten neuen Tönen jedoch nicht überein, denn man erhält

$$\frac{H(ges)}{H(fis)} = \frac{H(des)}{H(cis)} = \frac{H(b)}{H(ais)} = \left(\frac{24}{25}\right)^2 \cdot \frac{9}{8} = 1 + \frac{23}{625},$$

$$\frac{H(as)}{H(gis)} = \frac{H(es)}{H(dis)} = \left(\frac{24}{25}\right)^2 \cdot \frac{10}{9} = 1 + \frac{3}{125}.$$

In allen fünf Fällen ist das Verhältnis aber größer als Eins. Die eingefügten Töne liegen also in der Reihenfolge von, zum Beispiel,

$$... \ f, \ fis, \ ges, \ g, \ ...$$

In der Grundperiode erhalten wir so 10 neue Töne, so daß sich ihre Anzahl auf insgesamt 17 erhöht. Durch Periodisierung mit der Oktave ergibt sich daraus das

17-Ton-System.

Das bereits angedeutete Problem besteht nun darin, daß in jeder Periode 10 neue Töne erscheinen. Auf einer Violine, einem Cello oder Kontrabaß kann man diese Töne auf den schon vorhandenen Saiten greifen. Aber auf einem *Clavier* muß jeder Ton neu eingerichtet und mit einer eigenen Taste versehen werden, was den Umfang des Instruments erheblich vergrößert und seine Spielbarkeit erschwert, wenn nicht unmöglich macht. Um den Aufwand zu reduzieren, erfand man daher die

mitteltönige Temperatur,

bei welcher *fis* und *ges*, usw., jeweils durch einen gemeinsamen mittleren Ton

$$fis{=}ges, \ cis{=}des, \ gis{=}as, \ dis{=}es, \ ais{=}b$$

ersetzt wurden, freilich unter Verfälschung der entsprechenden Quinten, aber doch so, daß die mittleren Töne im Halbtonschritt-Abstand eingefügt bleiben. Dabei stellte sich für den Musiker der wichtige Nebeneffekt ein, daß er fortan, zum Beispiel, ein *fis* als *ges* auffassen und auf diese Weise in eine andere Tonart wechseln kann (**enharmonische Verwechselung**).

Das neue, mitteltönige

12-Ton-System

hat also zuletzt eine Grundperiode mit 12 Tönen im Abstand von Halbtonschritten. Es hat den außerordentlichen Vorteil, daß jedes auf Halbtonschritten aufgebaute Tonintervall von jedem Ton aus nach oben wie nach unten gebildet werden kann. *In diesem Sinne ist es sowohl Oktaven- als auch Quinten-vollständig.* Das steht nicht im Widerspruch zu dem oben Bewiesenen, da der Begriff der Quinte jetzt eine allgemeinere Bedeutung hat.

Mathematische Beschreibung des 12-Ton-Systems

Da das 12-Ton-System nur aus Halbtonschritten zusammengesetzt ist, können wir seine Töne mit den ganzen Zahlen identifizieren:

$$
\begin{array}{ccccccccccc}
\text{B} & \text{H} & \text{c} & \text{cis} & \text{d} & \dots & \text{b} & \text{h} & \text{c'} & \dots & \text{u}\dots \\
\updownarrow & \updownarrow & \updownarrow & \updownarrow & \updownarrow & & \updownarrow & \updownarrow & \updownarrow & & \updownarrow\dots \\
-2 & -1 & 0 & 1 & 2 & \dots & 10 & 11 & 12 & \dots & \phi(u)\dots
\end{array}
$$

Dann ist das Tonpaar (u, v) z.B. genau dann eine Oktave, wenn

$$\phi(v) - \phi(u) = 12,$$

genau dann eine Quinte, wenn

$$\phi(v) - \phi(u) = 7$$

gilt, und v ist das *erhöhte* oder das *erniedrigte* u, wenn

$$\phi(v) = \phi(u) + 1 \quad \text{bzw.} \quad \phi(v) = \phi(u) - 1$$

gilt. Man kann also mit den Tönen rechnen wie mit den ganzen Zahlen, die wir in der Menge

$$\mathbb{Z} := \big\{ 0, \pm 1, \pm 2, \dots \big\}$$

zusammenfassen. Sie enthält die Menge $\mathbb{N}$ der natürlichen Zahlen. Damit unterliegen die Töne der Struktur nach den Gesetzen der Zahlentheorie.

Division mit Rest

Ist eine Zahl $n \in \mathbb{Z}$ gegeben und ist $m \in \mathbb{N}$, $m \neq 1$, eine weitere Zahl, der *Divisor*, so kann man n durch m *mit Rest* dividieren. Das heißt, es gibt eine Zahl $k \in \mathbb{Z}$ und einen *Rest* r, $r \in \{0, 1, \ldots, m-1\}$, so daß

$$n = k \cdot m + r$$

gilt. Zum Beispiel erhält man für $n = 14$ (bzw. $n = -14$) und $m = 5$:

$$14 = 2 \cdot 5 + 4 \quad \text{mit} \quad 4 \in \{0, 1, 2, 3, 4\},$$

und

$$-14 = (-3) \cdot 5 + 1 \quad \text{mit} \quad 1 \in \{0, 1, 2, 3, 4\}.$$

Wir schreiben dafür auch

$$n \equiv r \quad \text{mod} \ (m)$$

mit mod gesprochen wie *modulo*. Alle Töne v der Oktavfolge $\{\ldots, c, c',$ $\ldots\}$ führen auf

$$\phi(v) = k \cdot 12 + 0,$$

alle Töne der Oktavfolge $\{\ldots, cis, cis', \ldots\}$ auf

$$\phi(v) = k \cdot 12 + 1,$$

alle Töne der Oktavfolge $\{\ldots, d, d', \ldots\}$ auf

$$\phi(v) = k \cdot 12 + 2,$$

usw., und alle Töne der Tonfolge $\{\ldots, h, h', \ldots\}$ auf

$$\phi(v) = k \cdot 12 + 11.$$

Wir können also die Oktavfolgen durch den jeweiligen *Divisionsrest bei Division durch 12* beschreiben, andererseits aber auch durch die Nennung eines einzigen darin vorkommenden Tones, etwa c oder d, usw. Indentifizieren wir die Oktavfolge sogar mit diesem Ton, so können wir von *dem* Ton c oder *dem* Ton d usw. sprechen, und erhalten die folgende Zuordnung:

Ton	Oktav-folge	Rest r
c	$\{c\}$	0
cis	$\{cis\}$	1
d	$\{d\}$	2
$\vdots$	$\vdots$	$\vdots$
a	$\{a\}$	9
ais	$\{ais\}$	10
h	$\{h\}$	11

Tabelle 4

Allgemein wird also *der Ton u*, das heißt die Oktavfolge $\{u\}$, durch den (kleinsten nichtnegativen) Divisionsrest r bei Division durch 12 gekennzeichnet, also durch die für alle Töne der Folge mit einem $r \in \{0, 1, \ldots, 11\}$ gemeinsam geltende Kongruenz

$$\phi(u) \equiv r \quad \mod (12).$$

Im weiteren betrachten wir die *iterierten Quinten* auf dem Ton c. Es sind all diejenigen Töne u, für welche $\phi(u) = j \cdot 7$ mit $j = (0), 1, 2, \ldots$ gilt, also Töne welche die Kongruenz

$$\phi(u) \equiv 0 \quad \mod (7)$$

lösen. Für $j = 0, 1, 2 \ldots$ erhalten wir der Reihe nach die folgenden Entsprechungen:

$$
\begin{aligned}
0 \cdot 7 &\equiv 0 \quad \mod (12) \quad \text{entspricht} \quad \{c\} \\
1 \cdot 7 &\equiv 7 \quad \mod (12) \quad \text{''} \quad \{g\} \\
2 \cdot 7 &\equiv 2 \quad \mod (12) \quad \text{''} \quad \{d\} \\
3 \cdot 7 &\equiv 9 \quad \mod (12) \quad \text{''} \quad \{a\} \\
4 \cdot 7 &\equiv 4 \quad \mod (12) \quad \text{''} \quad \{e\}
\end{aligned}
$$

$$5 \cdot 7 \equiv 11 \quad \text{mod}\,(12) \qquad \text{''} \qquad \{h\}$$
$$6 \cdot 7 \equiv 6 \quad \text{mod}\,(12) \qquad \text{''} \qquad \{fis\}$$
$$7 \cdot 7 \equiv 1 \quad \text{mod}\,(12) \qquad \text{''} \qquad \{cis\}$$
$$8 \cdot 7 \equiv 8 \quad \text{mod}\,(12) \qquad \text{''} \qquad \{gis\}$$
$$9 \cdot 7 \equiv 3 \quad \text{mod}\,(12) \qquad \text{''} \qquad \{dis\}$$
$$10 \cdot 7 \equiv 10 \quad \text{mod}\,(12) \qquad \text{''} \qquad \{ais\}$$
$$11 \cdot 7 \equiv 5 \quad \text{mod}\,(12) \qquad \text{''} \qquad \{f\}$$
$$12 \cdot 7 \equiv 0 \quad \text{mod}\,(12) \quad \text{entspricht wieder} \quad \{c\}$$

Wir sehen, daß alle Reste mod (12) genau einmal auftreten, wenn j die Werte 0,1,...,11 durchläuft, während $j = 12$ wieder auf den Rest 0 zurückführt. In Tönen ausgedrückt: Erhöht man c um 0, 1, 2,..., 11 Quinten, so erhält man - bis auf die Reihenfolge - alle *Töne*, das heißt Oktavfolgen $\{c\}$, $\{cis\}$, $\{d\}$, $\{dis\}$, usw. bis $\{h\}$. In der Reihenfolge der Reste bilden sie den bekannten **Quintenzirkel**:

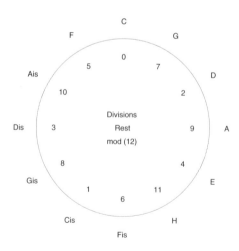

Abbildung 1: Quintenzirkel

Aus mathematischer Sicht steht hinter dem Quintenzirkel folgender Satz aus der Zahlentheorie, der sogenannte Chinesische Restesatz:

Satz *(Über die Lösbarkeit simultaner Kongruenzen)*
Gegeben seien s paarweise teilerfremde ganze Zahlen $m_1, \ldots, m_s > 1$ und ganze Zahlen $r_1, \ldots, r_s$. Dann gibt es genau eine ganze Zahl $x \in \{0, 1, \ldots, m-1\}$ mit $m := m_1 \cdot m_2 \cdots m_s$, welche die Kongruenzen

$$x \equiv r_1 \mod (m_1),$$
$$x \equiv r_2 \mod (m_2),$$
$$\cdots$$
$$x \equiv r_s \mod (m_s)$$

simultan erfüllt.

Auf das Verhältnis von Quinten und Oktaven bezogen, besagt der Satz, daß die Kongruenzen

$$x \equiv r \mod (12),$$
$$x \equiv 0 \mod (7)$$

für jedes $r \in \{0, 1, \ldots, 11\}$ genau eine Lösung $x \in \{0, 1, \ldots, 83\}$ besitzen, also eine Lösung der Gestalt

$$x = k \cdot 7 \quad \text{mit} \quad k \in \{0, 1, \ldots, 11\}.$$

Jeder *Ton* $\{r\}$ ist also eine höchstens 11-fache Quinte über c. Über die Reihenfolge ist damit nichts ausgesagt. Man vergleiche dazu den **Quintenzirkel**.

Da auch 12 und 5 teilerfremd sind, gilt entsprechend: Für jedes $r \in \{0, 1, \ldots, 11\}$ haben die Kongruenzen

$$x \equiv r \mod (12),$$
$$x \equiv 0 \mod (5)$$

genau eine Lösung der Gestalt

$$x = k \cdot 5 \quad \text{mit} \quad k \in \{0, 1, \ldots, 11\}.$$

Jeder Ton $\{r\}$ ist also auch eine höchstens 11-fache Quarte über c, und es gibt auch so etwas wie einen **Quartenzirkel**, der allerdings wegen $5 \equiv -7$ mod (12) nichts anderes ist als der rückwärts genommene Quintenzirkel.

Neben 7 und 5 taugen auch 11 und 1 für einen solchen "Zirkel", da sie ebenfalls zu 12 teilerfremd sind. Alle übrigen Zahlen zwischen 1 und 11 haben aber mit 12 einen gemeinsamen Teiler, und die Tonarten zerfallen in mindestens zwei verschiedene Zirkel.

Der Satz läßt noch viele andere Interpretationen zu. Zum Beispiel können wir auch die Frage stellen, ob es zu gegeben Tönen u_1, u_2, u_3 einen Ton v gibt, der sowohl eine k_1-fache Oktave über u_1 als auch eine k_2-fache Quinte über u_2 als auch eine k_3-fache Quarte über u_3 ist. Die Frage lautet in mathematischer Sprache, ob die Kongruenzen

$$\begin{aligned} \phi(v) &\equiv \phi(u_1) \quad \text{mod } (12) \\ \phi(v) &\equiv \phi(u_2) \quad \text{mod } (7) \\ \phi(v) &\equiv \phi(u_3) \quad \text{mod } (5) \end{aligned}$$

eine gemeinsame Lösung $x = \phi(v)$ haben, und das ist immer der Fall, da die Zahlen 5, 7, 12 paarweise teilerfremd sind.

Tonleitern im 12-Ton-System

Diatonische Tonleitern (Dur und moll)

Kennzeichnet man mit $=$ einen Ganztonschritt, und, wie bisher, mit $\vee$ einen Halbtonschritt, so hat die *lydische Tonleiter* die Struktur

$$c_=d_=e_\vee f_=g_=a_=h_\vee(c')$$

mit c als Grundton. Aufgrund seiner Reichhaltigkeit an Tönen, kann man diese Struktur jedem anderen Ton des 12-Ton-Systems als Grundton aufprägen. Zum Beispiel erhält man so

$$d_=e_=fis_\vee g_=a_=h_=cis'_\vee(d')$$

mit d als Grundton. Man nennt die entsprechenden Tonleitern **Dur-Tonleitern**. Sie werden beschrieben durch ihren Grundton (z.B. C-Dur, D-Dur, ...).

Geht man ganz ähnlich von der Struktur

$$a_=h_\vee c_=d_=e_\vee f_=g_=(a')$$

der *hyperdorischen*, auch *äolisch* genannten Tonleiter aus, so erhält man die **moll-Tonleitern** (wie a-moll, h-moll, ...), die aber noch gewissen Unterscheidungen unterliegen (natürlich, harmonisch, melodisch, u.a., je nach Behandlung des Leittones).

Hiernach gibt es je 12 Dur- und 12 moll-Tonleitern, die man zusammenfassend als die diatonischen Tonleitern bezeichnet. Sie unterscheiden sich untereinander nicht nur in der Tonhöhe und der Lage der Halbtonschritte, sondern auch in ihrer Feinstruktur infolge recht unterschiedlicher Verhältnisse, in denen die Töne einander folgen.

Chromatische Tonleiter

Die chromatische Tonleiter benutzt alle Töne des 12-Ton-Systems. Es hat kaum Sinn, sie nach einem Grundton zu unterscheiden.

Ganzton-Leiter

Die Ganzton-Leiter teilt die Oktave in sechs Ganzton-Schritte ein, sie besteht also etwa aus den Tönen

c d e fis gis ais (c').

Das gelingt nur, weil nicht alle Ganztonschritte gleich groß sind. Zu erinnern ist in diesem Zusammenhang an den Versuch des Pythagoras, die Oktave mit sechs Tonschritten im Verhältnis 9:8 aufzubauen. Der Versuch scheiterte an der Zahlentheorie (pythagoräisches Komma).

Die Ganzton-Leiter wird erst seit dem 19. Jahrhundert verwendet, etwa von M. Glinka, M. Mussorgski, G. Debussy und G. Puccini.

Pentatonische Tonleiter

Die Pentatonische Tonleiter besteht aus den 5 Tönen der (reduzierten) Quintenfolge

$$c, g, d, a, e$$

Sie wurde schon im Altertum im Sinne reiner Quinten benutzt und durch Einfügen von ”Ziertönen” (f und h) zur Verfeinerung der übergroßen Tonschritte e–g bzw. a–c' zu einem 7-Stufen-System ausgebaut. Eine Parallelentwicklung hierzu gab es z.B. in China. Heute wird sie noch in Kinderliedern benutzt.

Gleichschwebende Temperatur

Beim Transponieren von einer Dur-Tonart in eine andere, oder einer moll-Tonart in eine andere, entsteht das Problem, daß manche Akkorde nicht in ganz gleichwertige Akkorde transformiert werden, das heißt in Akkorde mit exakt den gleichen Tonhöhen-Verhältnissen. Man erkennt das schon an den Quinten: Eine reine Quinte mit dem Verhältnis $\frac{3}{2}$ kann durchaus in eine nichtreine mit dem Verhältnis $\frac{40}{27}$ übergehen. Das kann den Charakter einer Komposition verfälschen und ist deshalb unerwünscht. Dieses Phänomen hat eine rein mathematische Ursache: die **rationale Teilung** der Periode, das heißt der Oktave.

Die Griechen kannten keine anderen Zahlen als die rationalen. Das war auch der Grund für das berühmte Paradoxon von Achill und der Schildkröte, wonach Achill den einmal der Schildkröte gewährten Vorsprung nie einholen kann. Es bedurfte daher erst eines mathematischen Fortschrittes, der in der Erweiterung des rationalen Zahlensystems mithilfe algebraischer oder gar transzendenter Zahlen bestand, ehe das entsprechende musikalische Problem gelöst werden konnte.

Die Entwicklung zur Mathematik der Neuzeit wurde in Europa durch italienische Kaufleute eingeleitet. So brachte *Leonardo von Pisa*, bekannter unter dem Namen

Fibonacci, der Sohn des Bonacci,
(1170(?) – 1250, Pisa – Pisa)

von seinen Orientreisen unter anderem die indischen Zahlzeichen und die **Dezimalzahlen** mit nach Hause. Auch trug er selber Bedeutendes zur Rechentechnik und zur Zahlentheorie bei. Teilweise gingen seine Kenntnisse allerdings vorübergehend wieder verloren. Durch

Nicolas Chuquet
(1445(?) – 1488(?), Paris – ?).

erfuhren die kaufmännischen Soll-Zahlen die Bedeutung für sich existierender negativer Zahlen, die er, wie die Null, bei der Formulierung der Regeln für das Rechnen mit Potenzen benötigte. Hierauf aufbauend erkannte

Michael Stifel
(1487(?) – 1567, Eßlingen – Jena)

die Bedeutung der Logarithmen. Aber erst die Erfindung der **Dezimalbrüche** ermöglichte es dem Uhrmacher und Instrumentenbauer

Jobst Bürgi
(1552 – 1632, Lichtensteig – Kassel)

in den Jahren 1603 – 1611 die erste Logarithmentafel wirklich zu berechnen. Dies geschah auf Anraten von

Johannes Kepler
(1571 – 1630, Weil der Stadt – Regensburg)

der sie dann erstmals bei der Berechnung der Planetenbahnen einsetzte. Unabhängig hiervon berechnete

John Napier
(1550 – 1617, Merchiston-Castle, Schottland)

seine Logarithmen. Er veröffentlichte sie schließlich 1614, ohne daß die Ergebnisse von Bürgi bis dahin allgemein bekannt geworden waren.

Nach diesem kulturgeschichtlichen Ausflug in den mathematischen Hintergrund der Neuzeit wenden wir uns wieder der Musik zu. Heute erkennt der Mathematiker sofort, daß eine Invarianz der Akkorde gegenüber beliebigen Transpositionen durch eine **äquidistante logarithmische Teilung** der Periode erreicht werden kann, wobei es auf die Basis des Logarithmus' nicht ankommt. Wir wollen das genauer erläutern.

Die Forderung an die gesuchte Tonskala lautet, daß ihr j-ter Ton v_j mit den noch zu bestimmenden Konstanten a und b die Bedingung

$$\log H(v_j) = a \cdot j + b \quad \text{für} \quad j = 0, \pm 1, \pm 2, \ldots$$

erfüllen soll (äquidistante logarithmische Skala). Die Skala soll im übrigen so geeicht sein, daß der *Grundton* v_0 die Tonhöhe $H(v_0)$ hat und der 12-te Halbtonschritt auf die Oktave führt, d.h. so daß $H(v_{12}) = 2 \cdot H(v_0)$ gilt. Um diese Eichbedingungen zu erfüllen, hat man $b = H(v_0)$ und $a = \frac{1}{12} \log 2 = \log 2^{\frac{1}{12}}$ zu wählen. Nach dieser Wahl sind alle Töne der Tonskala eindeutig festgelegt, wobei

$$\log H(v_j) = \log 2^{\frac{j}{12}} + \log H(v_0)$$

gilt. Setzt man noch

$$q := \sqrt[12]{2} = 2^{\frac{1}{12}},$$

so erhält man die

Gleichschwebend temperierte Tonskala

$$H(v_j) = q^j \cdot H(v_0) \, , \, j = 0, \, \pm 1, \, \pm 2, \, \ldots$$

Die Welt verdankt sie dem Halberstädter Organisten

Andreas Werckmeister

(1645 – 1706 Benneckenstein/Harz – Halberstadt).

In ihm vereinigten sich in glücklicher Weise musikalische und mathematische Interessen, was sich schon direkt am Titel seines Hauptwerkes ablesen läßt:

Andreas Werckmeister (1691):
Musikalische Temperatur und wahrer mathematischer Unterricht,
wie man ... ein Clavier ... wohltemperiert stimmen könne.

Der Grundton v_0 kann noch beliebig gewählt werden. Die Tabelle 3 ist zu ersetzen durch

(u,v)	Ganzton–Schritte	Halbton–Schritte	$H(v)/H(u)$
Prime	0	0	$q^0 = 1.$
kl. Sekunde	$\frac{1}{2}$	1	$q^1 = 1,0594\ldots$
Sekunde	1	2	$q^2 = 1,1224\ldots$
kl. Terz	$1\frac{1}{2}$	3	$q^3 = 1,1892\ldots$
Terz	2	4	$q^4 = 1,2599\ldots$
Quarte	$2\frac{1}{2}$	5	$q^5 = 1,3579\ldots$
Quinte	$3\frac{1}{2}$	7	$q^7 = 1,4983\ldots$
Oktave	6	12	$q^{12} = 2$

Tabelle 6

Die Zahl q ist nun zwar nicht transzendent, sondern "nur" algebraisch, nämlich Lösung der algebraischen Gleichung

$$x^{12} - 2 = 0,$$

aber der Grundgedanke, welcher auf die neue Tonskala führte, bleibt die logarithmische Teilung, also die Abbildung der multiplikativen Gruppe auf die additive.

Das Entscheidende an der neuen Tonskala ist nun, daß ein Akkord, der, sagen wir in der Tonart mit dem Grundton v_j, aus den Tönen v_{j+n} und v_{j+m} besteht, auf ein Tonhöhenverhältnis

$$H(v_{j+m}) : H(v_{j+n}) = q^{j+m} : q^{j+n} = q^{m-n}$$

führt, welches nur von m und n, also nur von dem entsprechenden Akkord abhängt, nicht aber von j, das heißt nicht von der Tonart. Verallgemeinernd fassen wir das in folgendem Satz zusammen:

Satz (*Über die Invarianz transponierter Akkorde*)
Wird in der gleichschwebend temperierten Tonskala ein Akkord aus den Tönen

$$v_{j+m},\ v_{j+n}, \ldots, v_{j+p}$$

gebildet, so sind deren Tonhöhen-Verhältnisse

$$H(v_{j+m}) : H(v_{j+n}) : \ldots : H(v_{j+p})$$

nicht von j, d.h. nicht von der Tonart abhängig.

Die neue **Temperatur**, wie wir die neue Stimmung auch kurz nennen, hatte in der mitteltönigen Temperatur natürlich schon einen Vorgänger. Sie unterscheidet sich, wie diese, endgültig wesentlich von der griechischen Stimmung, die ganz auf rationalen Tonhöhen-Verhältnissen aufgebaut war. Sie bringt bei allen Instrumenten mit fester Tastatur, wie z.B. dem Cembalo, dem Klavier, der Flöte und der Orgel, bei der Transposition von einer in eine andere Tonart einen außerordentlichen Vorteil. Sie bringt aber gleichzeitig auch Unstimmigkeiten in das Zusammenspiel mit den Streichern. Zwar führt jetzt jede Quinte in jeder Tonart auf das gleiche Verhältnis

$$H(v_{j+7}) : H(v_j) = q^7,$$

doch ist

$$q^7 = 2^{\frac{7}{12}} = 1,498307077\ldots,$$

eine **irrationale Zahl**, welche die **rationale Zahl** $\frac{3}{2}$ nur annähernd wiedergibt, die im griechischen System die reinen Quinten kennzeichnet. Das stört natürlich die Streicher, die reine Quinten zu greifen gewöhnt sind, unter anderem mit Doppelgriffen, beim Zusammenspiel mit einem Tasteninstrument. Vielleicht mit Ausnahme gewisser Bläser, die ihren Ton den Reinheitsbedürfnissen der Streicher technisch etwas anpassen können.

Wenn viele Musiker dem neuen, **gleichschwebend temperierten Klavier** zunächst durchaus mit Skepsis begegneten, so bestätigten doch sehr bald viele musikalische Experimente, wie praktisch die neue Temperatur ist, indem man auf ihm doch ohne größere Verletzungen des Wohlklanggefühls nach Herzenslust modulieren und ganze Stücke in eine andre Tonart transponieren konnte. Besonders bestätigt wurde dies nur 24 Jahre nach Werckmeisters Erfindung durch ein Werk von

Joh. Kaspar Ferdinand Fischer,

(– 1746, Rastatt)

Ariadne musica, Neo-Organoedum 1715,

das Präludien und Fugen in 20 verschiedenen diatonischen Tonarten enthält. Seinem Vorbild folgte

Johann Sebastian Bach

(1686 – 1750, Eisenach – Leipzig)

mit seinem genialen, Epoche machenden Werk

Das Wohltemperierte Klavier in 2 Bänden (1722 und 1744),

die je 24 Präludien und Fugen in allen Dur- und allen moll-Tonarten enthalten und zeigen, daß das neue, von der Tradition abweichende, streng gleichschwebend temperierte Tonsystem nicht nur in systematischer Hinsicht dem alten überlegen ist, sondern eben auch der musikalischen Phantasie keine Grenzen setzt. Aus gutem Grund also nannte H. v. Bülow später das Wohltemperierte Klavier das

Alte Testament der Klavier-Literatur.

Offiziell erschienen ist das Werk übrigens erst 1801. Bis dahin wurde es allerdings schon vielfach kopiert und unter Künstlern von Hand zu Hand gereicht. Erst in neuerer Zeit wurde die Frage gestellt, ob Johann Sebastian Bach denn überhaupt ein Klavier in strenger gleichschwebender Stimmung zur Verfügung stand. Auf diese Frage kommen wir noch zurück, und schließen dieses Kapitel mit zwei Bemerkungen.

Das pythagoräische Komma

war im griechischen Tonsystem ein Defekt, der sich daraus ergibt, daß 6 Ganztonschritte im Verhältnis 9:8 aus zahlentheoretischen Gründen niemals exakt eine Oktave ergeben. In der temperierten Tonskala ist das anders: Jeder Ganztonschritt besteht aus 2 Halbtonschritten und führt daher zu einer Erhöhung um den Faktor q^2. Daher führen 6 Ganztonschritte zu einer Erhöhung um den Faktor $(q^2)^6 = q^{12} = 2$, also exakt auf die Oktave. **Es gibt also kein Komma mehr.** Da q eine irrationale Zahl ist, steht das nicht im Widerspruch zu dem zuvor Gesagten.

Kettenbrüche

In die Lebensspanne von Andreas Werckmeister fällt auch das Leben von

Pierre de Fermat
(1601 – 1665, Beaumont-de Lomagne – Castre)

und das von

Christiaan Huygens

(1629 – 1695, Den Haag – Den Haag)

die sich als erste mit den Kettenbrüchen beschäftigten. Huygens ist vor allem durch die Erkenntnis der Wellennatur des Lichtes bekannt, durch die er fürs Erste die Korpuskular-Theorie von Newton zu Fall brachte. Er ist aber auch bekannt durch seine Beiträge zur **Konstruktion von Planetarien**. Hier hatte er mit dem Problem zu tun, daß die Umlaufzeiten der Planeten, die aufgrund der Kepler-schen Gesetze an sich in komplizierten Verhältnissen zueinander stehen, auf mechanisch einfache Weise, aber zugleich mit hoher Genauigkeit wiedergegeben werden sollten. Um dieses Problem zu lösen, bediente er sich der Kettenbruch-Approximation. Was bedeutet das?

Sei $\mathbb{N}_0 := \{0, 1, 2, \ldots\}$ die Menge aller nichtnegativen ganzen Zahlen. Jede (reelle) Zahl $x \geq 0$ läßt sich darstellen in der Form

$$x = a_0 + r_0 \quad \text{mit} \quad a_0 \in \mathbb{N}_0, \, 0 \leq r_0 < 1.$$

Beispiel:
$$\pi = 3,1415\ldots = \mathbf{3} + 0,1415\ldots.$$

Man nennt a_0 das größte Ganze, r_0 den Rest von x.

Ist $r_0 > 0$, so ist $\frac{1}{r_0} > 1$. Daher kann $\frac{1}{r_0}$ ganz entsprechend dargestellt werden:

$$\frac{1}{r_0} = a_1 + r_1 \quad \text{mit} \quad a_1 \in \mathbb{N}, \, 0 \leq r_1 < 1,$$

und wir erhalten

$$x = a_0 + \cfrac{1}{a_1 + r_1}.$$

Beispiel:
$$\frac{1}{0,1415\ldots} = \mathbf{7} + 0,0625\ldots,$$

also
$$\pi = \mathbf{3} + \cfrac{1}{\mathbf{7} + 0,0625\ldots}.$$

Ist $r_1 = 0$, so ist $a_1 > 0$ und

$$x = a_0 + \frac{1}{a_1}.$$

Ist aber $r_1 > 0$, so gilt

$$\frac{1}{r_1} = a_2 + r_2 \quad \text{mit} \quad a_2 \in \mathbb{N}, \, 0 \leq r_2 < 1,$$

und wir erhalten

$$x = a_0 + \cfrac{1}{a_1 + \cfrac{1}{a_2 + r_2}},$$

und so weiter. Während auch $a_0 = 0$ gelten kann, sind a_1, a_2, ..., a_k stets natürliche Zahlen. Die Ausdrücke

$$q_0 \quad := \quad [a_0] := a_0,$$

$$q_1 \quad := \quad [a_0, a_1] := a_0 + \frac{1}{a_1},$$

$$q_2 \quad := \quad [a_0, a_1, a_2] := a_0 + \cfrac{1}{a_1 + \frac{1}{a_2}},$$

usw.

nennt man die **Kettenbrüche** von x. Sie sind mit einem einfachen Taschenrechner sehr leicht zu ermitteln.
Beispiel:

$$\pi = [3, 7, 15, 1, 292, 1, \ldots].$$

Dabei gilt folgende

Alternative:

Entweder brechen die Kettenbrüche mit $r_k = 0$ ab, also mit $x = q_k$. Das ist genau dann der Fall, wenn x eine **rationale Zahl** ist. Ist aber x irrational, so kann die Kettenbruchentwicklung **periodich** sein (mit $a_{n+k} = a_n$ für ein $k \in \mathbb{N}$ ab einem gewissen $n \in \mathbb{N}_0$). Das ist genau dann der Fall, wenn x die reelle Lösung einer quadratischen Gleichung $ax^2 + bx + c = 0$ mit ganzen Zahlen a, b, c und $a \neq 0$, also insbesondere eine **algebraische Zahl** ist. Die **transzendenten Zahlen** wie etwa π haben also keine periodische Kettenbruchentwicklung.

Ist also x rational, so gilt $x = [a_0, a_1, \ldots, a_k]$. Ist aber x irrational, so schreibt man

$$x = [a_0, a_1, a_2, \ldots],$$

und nennt man dies einen unendlichen Kettenbruch. In allen Fällen gilt

$$q_0 < q_2 < \cdots \leq x \leq \cdots < q_3 < q_1,$$

wobei das Gleichheitszeichen nur im rationalen Fall vorkommt.

Beispiel:

$$\sqrt[6]{2} = 1 + \cfrac{1}{8 + \cfrac{1}{6 + \cfrac{1}{31 + \cfrac{1}{1 + \cfrac{1}{2 + \cdots}}}}},$$

oder

$$\sqrt[6]{2} = [1, 8, 6, 31, 1, 2, \ldots].$$

Die Kettenbrüche haben viele interessante Eigenschaften. Zum Beispiel die folgende, an der Huygens besonders interessiert war:

Ist $k \in \mathbb{N}_0$ eine gerade Zahl, so gilt

$$q_0 < q_2 < \cdots < q_k \leq x \leq q_{k+1} < \cdots < q_3 < q_1.$$

Hat ferner q_k die (ausgekürzte) Darstellung

$$q_k = \tfrac{Z}{N}, \quad Z \in \mathbb{N}_0, N \in \mathbb{N},$$

mit dem Zähler Z und dem Nenner N, und ist $0 < n \leq N$, so gilt für alle ganzen Zahlen z

$$|x - \frac{z}{n}| \geq |x - \frac{Z}{N}|.$$

Mit anderen Worten: Es gibt keine rationale Zahl mit einem Nenner, der N nicht übertrifft, die x besser approximiert als q_k. Im Planetarium erzielt man so bei entsprechenden Übersetzungsverhältnissen mit kleinen Zahnrädern eine größtmögliche Genauigkeit in der Darstellung der Planetenbahnen.

Jetzt zurück zur Musik. In Tabelle 7a stellen wir die Töne der reinen Tonskala den entsprechenden der gleichschwebend temperierten Skala gegenüber. Dabei benutzen wir u. a. die Daten der Tabelle 2 (C-Dur-Struktur).

k	Ton	Tonhöhe rein	Tonhöhe temperiert
0	c	$1 = [1]$	$q^0 = [\underline{1}]$
2	d	$\frac{9}{8} = [1,8]$	$q^2 = [\underline{1,8},6,31,\ldots]$
4	e	$\frac{5}{4} = [1,3,1]$	$q^4 = [\underline{1,3,1},5,\ldots]$
5	f	$\frac{4}{3} = [1,2,1]$	$q^5 = [\underline{1,2,1},73,\ldots]$
7	g	$\frac{3}{2} = [1,2]$	$q^7 = [\underline{1,2},147,5,\ldots]$
9	a	$\frac{5}{3} = [1,1,2]$	$q^9 = [\underline{1,1,2},7,\ldots]$
11	h	$\frac{15}{8} = [1,1,7]$	$q^{11} = [\underline{1,1,7},1,\ldots]$
12	c'	$2 = [2]$	$q^{12} = [\underline{2}]$.

Tabelle 7a

Wir erkennen, daß die reine Tonskala sich aus der rein mathematisch begründeten gleichschwebend temperierten Tonskala abermals nach einem rein mathematischen Prinzip, der Kettenbruch-Approximation, ableiten läßt.

Diese Idee könnte man weiter verfolgen um zu einer gut motivierten Definition der Zwischentöne *fis, cis, gis, dis, ais* beziehungsweise *ges, des, as, es, b* zu gelangen, die in der temperierten Tonskala mit dem 6., 1.,

8., 3. bzw. 10. Ton übereinstimmen. Die ersteren dieser Töne müßte man von unten, die anderen von oben approximieren. Als Ergebnis erhielten wir so die Tabelle 7b:

k	Ton	Tonhöhe temperiert	Approximation von unten	Approximation von oben
1	cis=des	$q^1 = [1, 16, 1, 4, \ldots]$	$[1, 16, 1] = \frac{18}{17}$ (cis)	$[1, 16] = \frac{17}{16}$ (des)
3	dis=es	$q^3 = [1, 5, 3, 1, \ldots]$	$[1, 5, 3] = \frac{19}{16}$ (dis)	$[1, 5, 3, 1] = \frac{25}{21}$ (es)
6	fis=ges	$q^6 = [1, 2, 2, 2, \ldots]$	$[1, 2, 2] = \frac{7}{5}$ (fis)	$[1, 2, 2, 2] = \frac{17}{12}$ (ges)
8	gis=as	$q^8 = [1, 1, 1, 2, 2, \ldots]$	$[1, 1, 1, 2, 2] = \frac{19}{12}$ (gis)	$[1, 1, 1, 2] = \frac{8}{5}$ (as)
10	ais=b	$q^{10} = [1, 1, 3, 1, 1, \ldots]$	$[1, 1, 3, 1, 1] = \frac{16}{9}$ (ais)	$[1, 1, 3, 1] = \frac{9}{5}$ (b)

Tabelle 7b

(Kettenbruch-Approximierende für die Zwischentöne)

Man beachte, daß man nach der $\frac{25}{24}$-Regel z.B. für das erhöhte reine f, also für fis, den Wert

$$H(\sharp f) = \frac{25}{24} \cdot H(f) = \frac{25}{24} \cdot \frac{4}{3} = \frac{25}{18} < \frac{7}{5} < q^6$$

nehmen müßte, der q^6 schlechter approximiert als $\frac{7}{5}$. Entsprechend erhielte man für ges den Wert

$$H(\flat g) = \frac{24}{25} \cdot H(g) = \frac{24}{25} \cdot \frac{3}{2} = \frac{36}{25} > \frac{17}{12} > q^6,$$

der größer ist als $\frac{17}{12}$ und daher ebenfalls q^6 schlechter approximiert als $\frac{17}{12}$. Mit anderen Worten, die $\frac{25}{24}$-Regel liefert für das temperierte $fis = ges$ nicht so gute rationale Approximationen, wie es die Kettenbrüche von Tabelle 7b tun. Tatsächlich wird das Verhältnis 7:5 als Approximation an $\sqrt{2}$ von unten, also an fis, wohl schon lange verwendet. Allerdings liefert die obere Schranke $\frac{17}{12} = 1,41\underline{6}$ offenbar eine sehr viel bessere rationale Approximation an $\sqrt{2} = 1,414\ldots$.

Entsprechendes gilt für die anderen Töne, mit Ausnahme von as und b, bei denen die $\frac{25}{24}$-Regel dasselbe Ergebnis liefert wie der Kettenbruch.

Das Problem der Tonarten-Charakteristik beim Wohltemperierten Klavier

Wie schon angedeutet, wird in der neueren Musikwissenschaft die Frage diskutiert, ob Johann Sebastian Bach denn überhaupt ein streng gleichschwebend temperiertes Klavier zur Verfügung stand, mit anderen Worten, ob **wohltemperiert** und **gleichschwebend** Synonyma sind. Als Grund für diese Fragestellung wird angegeben, daß die Präludien und Fugen des Wohltemperierten Klaviers doch je nach der verwendeten Tonart einen eigenen Klang hätten, was nicht sein könnte, wenn Bach strikt die gleichschwebende Temperatur verwendet hätte.

Wir wollen rein mathematisch begründen, daß dieses Argument als solches nicht richtig ist, das heißt, daß sich auch in der gleichschwebenden Temperatur bei den unterschiedlichen Tonarten **subjektiv** auch unterschiedliche Klangfarben wahrnehmen lassen müssen, es also eine **Tonarten-Charakteristik** gibt, und zwar dann, wenn traditionelle Kompositions-Formen und traditionelle Hörgewohnheiten zusammentreffen.

Dabei ist vorab daran zu erinnern, daß man auch noch zu Johann Sebastian Bachs Zeiten unter einem *Clavier* ein beliebiges Tasteninstrument verstand, das also auch ein *Clavichord*, ein *Cembalo* oder eine *Orgel* sein konnte.

Das Entscheidende ist, daß die temperierte Stimmung von der traditionellen reinen Stimmung nicht in allen Tönen gleichermaßen abweicht. Man entnimmt das zum Beispiel der Tabelle 8, in der wir die logarithmierten Tonhöhen gegenüberstellen und deren Differenz ermitteln. Dabei ist $\log_2$ der Logarithmus zur Basis 2.

Die Tabelle bezieht sich auf c als Eichton. Die größte Abweichung hat den Wert **0,01303**. Dabei fällt auf, daß sich die Töne a und e in den beiden Stimmungen am stärksten unterscheiden, gefolgt von h. Mit dieser Erkenntnis allein kann man noch nicht unterschiedliche Klangfarben in den Tonarten begründen, wäre die Häufigkeit des Auftretens dieser Töne in ihnen gleich – wie etwa in einer sehr strikt verstandenen 12-Ton-Musik. In einer klassischen Komposition ist das indessen nicht der Fall, wie wir am Beispiel der drei Hauptdreiklänge zeigen.

Ton t	$\log_2 H(t)/H(c)$ temperiert	$\log_2 H(t)/H(c)$ rein	Differenz (gerundet)
c	0	$\log_2 1 = 0$	0
d	$\frac{2}{12} = 0,16666\ldots$	$\log_2 \frac{9}{8} = 0,16992\ldots$	$-0,00\underline{326}$
e	$\frac{4}{12} = 0,33333\ldots$	$\log_2 \frac{5}{4} = 0,32192\ldots$	$+0,0\underline{1141}$
f	$\frac{5}{12} = 0,41666\ldots$	$\log_2 \frac{4}{3} = 0,41503\ldots$	$+0,00\underline{163}$
g	$\frac{7}{12} = 0,58333\ldots$	$\log_2 \frac{3}{2} = 0,58496\ldots$	$-0,00\underline{163}$
a	$\frac{9}{12} = 0,75$	$\log_2 \frac{5}{3} = 0,73696\ldots$	$+0,0\underline{1303}$
h	$\frac{11}{12} = 0,91666\ldots$	$\log_2 \frac{15}{8} = 0,90689\ldots$	$+0,00\underline{978}$
c'	1	$\log_2 2 = 1$	0

Tabelle 8

Nehmen wir an, in einer (sehr simplen) Komposition treten Tonika, Subdominante und Dominante recht häufig auf, und zwar mit gleicher Wahrscheinlichkeit, und vergleichen wir einmal die Häufigkeit des Erscheinens der einzelnen Töne in der Kombination der Hauptdreiklänge in Abhängigkeit von der Tonart, wobei uns die Tabelle 9 behilflich ist (in der wir *ais* statt *b* schreiben).

	C-Dur	D-Dur	E-Dur	F-Dur	G-Dur	A-Dur	H-Dur
Tonika	c e g	d fis a	e gis h	f a c	g h d	a cis e	h dis fis
Subdominante	f a c	g h d	a cis e	ais d f	c e g	d fis a	e gis h
Dominante	g h d	a cis e	h dis fis	c e g	d fis a	e gis h	fis ais cis
$(\#e, \#a)$	(1,1)	(1,2)	(2,1)	(1,1)	(1,1)	(2,2)	(1,0)

Tabelle 9

In der letzten Zeile haben wir dazu die Anzahl der Auftritte von e und a in der jeweiligen Tonart aufgeführt. Wir erkennen, daß e in den Tonarten E-Dur und A-Dur, a in den Tonarten D-Dur und A-Dur doppelt so häufig vorkommt, wie in den übrigen Dur-Tonarten. Die beiden Töne mit den größten Abweichungen, also e und a, treten bei A-Dur sogar zusammen 4-mal so oft auf wie bei H-Dur.

Verwendet man im übrigen a (oder a') statt c als Eichton (wobei man beachte, daß a' zu Bachs Zeiten noch nicht die ausgezeichnete Bedeutung des "Kammertons" hatte), so ergeben sich die Verhältnisse von Tabelle 8a.

Ton t	$\log_2 H(t)/H(a)$ temperiert	$\log_2 H(t)/H(a)$ rein	Differenz (gerundet)
a	0	$\log_2 1 = 0$	0
h	$\frac{2}{12} = 0,16666\ldots$	$\log_2 \frac{9}{8} = 0,16992\ldots$	$-0,00\underline{326}$
c'	$\frac{3}{12} = 0,25$	$\log_2 \frac{6}{5} = 0,26303\ldots$	$-0,01\underline{303}$
d'	$\frac{5}{12} = 0,41666\ldots$	$\log_2 \frac{27}{20} = 0,43295\ldots$	$-0,01\underline{629}$
e'	$\frac{7}{12} = 0,58333\ldots$	$\log_2 \frac{3}{2} = 0,58496\ldots$	$-0,00\underline{163}$
f'	$\frac{8}{12} = 0,66666\ldots$	$\log_2 \frac{8}{5} = 0,67807\ldots$	$-0,01\underline{141}$
g'	$\frac{10}{12} = 0,83333\ldots$	$\log_2 \frac{9}{5} = 0,84799\ldots$	$-0,01\underline{464}$
a'	1	$\log_2 2 = 1$	0

Tabelle 8a

Die reine Tonskala liegt dann durchweg über der gleichschwebend temperierten, die größte Abweichung hat den Wert **0,01629**. Das entspricht etwa einem fünftel Halbton. Die Töne mit den größten Abweichungen sind d, g und c.

In beiden Fällen gilt: Während sich die Dur- (wie auch die moll-) Tonarten im gleichschwebend temperierten Tonsystem untereinander strukturell auf keine Weise unterscheiden, gibt es doch Hörgewohnheiten, aufgrund derer der erfahrene Musiker einfach "weiß", wie sie im reinen Tonsystem klingen müßten. Entsprechend nimmt er **unterschiedliche Abweichungen vom Gewohnten** wahr und ordnet diese Abweichung der Tonart selbst als **virtuelle Charakteristik** zu. Insofern gibt es also eine (wenn auch nur) subjektive Wahrnehmung von Tonarten-Unterschieden auch im gleichschwebend temperierten Tonsystem. Warum also sollte Johann Sebastian Bach nicht über ein entsprechend gestimmtes 'Klavier' verfügt haben, wo sich unterschiedliche Klangfarben in den verschiedenen Tonarten doch schon mathematisch sehr einfach erklären lassen?

Natürlich hängt die Häufigkeit des Auftretens der einzelnen Töne sehr stark von der Art der Komposition ab. In einer exzessiven 12-Ton-Musik könnten zum Beispiel alle Töne statistisch gesehen gleich häufig vorkommen. Das würde dann allerdings eine Unterscheidung nach Tonarten völlig unmöglich machen. Mathematisch gesehen hängt also der wahrgenommene Klangcharakter vom Maße der inneren Ordnung einer Komposition ab. Ordnung ist aber etwas Unwahrscheinliches, Unordnung, die mit dem Begriff der **Entropie** beschrieben werden kann, etwas viel Wahrscheinlicheres. Tatsächlich hat man schon sehr früh (etwa ab 1960) Kompositionen, wie auch Werke der Literatur oder der Bildenden Kunst, auf ihre Entropie hin untersucht. Es ist dabei immer schön, wenn die Wissenschaft etwas herausfindet, was man ohnehin schon weiß: Gerade bei Johann Sebastian Bach ist die innere Ordnung sehr groß, die Entropie also sehr klein, und so nimmt es kein Wunder, daß gerade bei den Präludien und Fugen des Wohltemperierten Klaviers Tonarten-Unterschiede wahrgenommen werden können – trotz gleichschwebender Temperatur.

Mehr Glanz!

Wählt man a (oder a') als Eichton, so weicht die reine Stimmung von der temperierten am stärksten ab. Das zeichnet diesen Ton aus. Man kann nun auf die Idee kommen, für die beiden Stimmungen verschiedene Eichtöne zu verwenden, etwa für die reine Stimmung den (späteren Kammer-) Ton a' oder a, und für die temperierte einen Ton der um den Faktor $\epsilon > 1$ darüber liegt. In der temperierten Skala ist dann $H(t)$ durch $\epsilon \cdot H(t)$ zu ersetzen, und in der 2. Spalte der Tabelle 8a sind die Werte von

$$\log_2 \frac{\epsilon H(t)}{H(a)} = \log_2 \frac{H(t)}{H(a)} + \log_2 \epsilon$$

aufzuführen. Entsprechend erhöhen sich die Differenzen der 4. Spalte um den Wert $\log_2 \epsilon$. Man kann diesen Effekt dazu nutzen, um die Fehler so auszugleichen, daß ihr **Betragsmaximum** zum **Minimum** wird. Das gilt gerade für

$$\log_2 \epsilon = \frac{1}{2} \cdot 0,01629 \approx 0,00815,$$

das heißt für

$$\epsilon = 1,0057 \quad (gerundet).$$

Das entspricht einer Erhöhung um etwa einen zehntel Halbton, genauer (und Ergebnisse von Kapitel 2 vorwegnehmend), einer Erhöhung des Kammertones a' von 435 Hz auf 437,5 Hz. Tatsächlich sind viele Orchester längst dazu übergegangen, die temperierte Stimmung etwas zu erhöhen, um **mehr Glanz** zu erzeugen. Wir haben den mathematischen Grund dafür gefunden:

> **Bei Erhöhung der temperierten Stimmung um den Faktor ϵ erhält man**
> **die bestmögliche Approximation an die reine Stimmung und den größtmöglichen "Glanz".**

Die größten logarithmischen Abweichungen haben dann übrigens den Wert $\pm$**0,00814** und treten bei a und a' bzw. bei d' auf.

Mit der Erhöhung der Stimmung darf man es allerdings auch nicht übertreiben: Geht man über den Faktor ϵ hinaus, so wird die Approximation an die reine Stimmung nämlich wieder schlechter!

Die erhöhte temperierte Stimmung entspricht übrigens, logarithmiert, einer Ausgleichsgeraden an die reine Stimmung im Sinne der Maximumsnorm.

Warum keine 13-Ton-Musik?

Die vor allem von

Arnold Schönberg
(1874 – 1957, Wien – Los Angeles)

propagierte 12-Ton-Musik stellt ganz bewußt die traditionelle Tonalität infrage. Sie ist also bewußt revolutionär, wenn auch und gerade Schönberg sich im klaren war, daß ein Abgleiten ins Chaos nur durch die Erfindung neuer Kompositionsregeln verhindert werden konnte, die er u.a. in seiner *Zwölftonmethode* fand, deren Ordnungsprinzip die *Reihe*, d.h. eine Festlegung einer Sequenz aus 12 verschiedenen Tönen der temperierten Halbtonskala ist.

Als Mathematiker fragt man sich indessen, was die Schönbergianer wohl veranlaßte, an der Zahl 12 festzuhalten.

Die gleichschwebende Temperatur entsteht bei einer Teilung der Oktave im Verhältnis

$$1 : q^1 : q^2 : \cdots : q^{12} = 2$$

mit $q := \sqrt[12]{2}$. Der 7-te Ton entspricht dabei annähernd der reinen Quinte. Entschließt man sich nun aber erst einmal aus rein mathematischen

Gründen zu solch einer Teilung, so ist nicht einzusehen, warum man nicht zu einem beliebigen $n \in \{2, 3, \ldots\}$

$$q := \sqrt[n]{2}$$

wählt und die Oktave im Verhältnis

$$1 : q^1 : q^2 : \cdots : q^n = 2$$

teilt, um so zu einer gleichschwebend temperierten

n-Ton-Musik

zu gelangen?

Will man dabei nicht auf die Quinte verzichten, so müßte irgendein Ton, sagen wir der $k - te$, sie gut approximieren, das heißt es müßte mit großer Genauigkeit $q^k \approx \frac{3}{2}$ oder

$$2^{\frac{k}{n}} \approx 2^x \quad mit \ x = \log_2 \frac{3}{2}$$

gelten. Dies ist äquivalent zu

$$\frac{k}{n} \approx x = 0,58496250\ldots.$$

Wenn der Mathematiker diese Approximations-Aufgabe sieht, fällt ihm natürlich sogleich wieder die Kettenbruch-Approximation ein. Tatsächlich gilt, wie man auf jedem einfachen Taschenrechner leicht nachrechnen kann,

$$x = [0, 1, 1, 2, 2, 3, 1, 5, 2, \ldots].$$

Hieraus ergeben sich die ersten Kettenbruch-Approximationen

$$0 < \frac{1}{2} < \frac{7}{12} < \cdots < x < \cdots < \frac{24}{41} < \frac{3}{5} < 1,$$

was wie folgt zu interpretieren ist:

Lassen wir das 2-Ton- und das 5-Ton-System wegen zu großer Magerkeit außer acht, so ist **das erste interessante** n der Wert $n = 12$. Dabei gibt es keinen Bruch $\frac{k}{m}$ mit einem Nenner $m \leq 12$ (sogar $m \leq 28$, wie man experimentell bestätigt), der x besser approximiert als der Bruch $\frac{7}{12}$. Unter allen m-Ton-Systemen mit $2 \leq m \leq n = 12$ (sogar $n = 28$) gibt es also keines, in welchem die Quinte besser approximiert wird als durch den 7-ten Ton des 12-Ton-Systems. Dabei gilt

$$\tfrac{3}{2} - 2^{\frac{7}{12}} = 0,0016929\ldots..$$

Nehmen wir Ergebnisse des nächsten Kapitels vorweg, so ergibt sich dabei für ihn (bei einer Höhe des Kammertons a' von 435 Hz) die Frequenz von 651,76 Hz. Die reine Quinte e'' auf a' hat dagegen die Frequenz von 652,5 Hz. Sie wird vom 7-ten Ton des 12-Ton-Systems nur um $-0,74\,Hz$ verfehlt, was kaum zu hören ist.

Das nächste interessante n ist der Wert $n = 41$. Der 24-te Ton des 41-Ton-Systems liefert

$$\tfrac{3}{2} - 2^{\frac{24}{41}} = -0,0004194\ldots\ldots.$$

Er hat die Frequenz von 652,68 Hz und weicht von e'' immerhin noch um $0,18\,Hz$ ab. Das ist noch weniger zu hören und lohnt den Aufwand nicht. Es bleibt aus mathematischer Sicht interessant, daß die Quinte e'' auf a' von keinem Ton eines beliebigen m-Ton-Systems mit einem $m \leq n = 41$ besser wiedergegeben wird, als vom 24-ten Ton des 41-Ton-Systems.

Die Kettenbrüche einer noch höheren Ordnung liefern zwar noch bessere Approximationen an die Quinte, doch liegen bei ihnen allen die Abweichungen unter der Wahrnehmungsgrenze, so daß wir zu dem Schluß kommen:

> **Unter allen möglichen n-Ton-Systemen wird die Quinte
> im 12-Ton-System
> im Rahmen der Hörbarkeit bei geringster Anzahl
> von Tönen am besten approximiert.**

Man kann übrigens die von uns eben gestellte Frage auch bezüglich der Quarten stellen. Dies führt auf die Approximationsaufgabe

$$2^{\frac{j}{n}} \approx 2^x \quad mit \quad x = \log_2 \tfrac{4}{3}$$

bzw.

$$\frac{j}{n} \approx x = 0,41503749\ldots,$$

mit

$$x = [0, 2, 2, 2, 3, 1, \ldots]$$

und den ersten Kettenbruchapproximationen

$$0 < \tfrac{1}{2} < \tfrac{5}{12} < \cdots < x < \cdots < \tfrac{17}{41} < \tfrac{2}{5}.$$

Als Folgerung ergibt sich, daß auch die Quarte bei einem Vergleich aller n-Ton-Systeme mit einem $n \leq 12$ im 12-Ton-Systems am besten wiedergegeben wird, und zwar vom 5-ten Ton. Unter der Bedingung $n \leq 41$ gilt entsprechendes für den 17-ten Ton des 41-Ton-Systems – in völliger Analogie zur Situation bei der Quinte.

> **Unter allen möglichen n-Ton-Systemen wird die Quarte
> im 12-Ton-System
> im Rahmen der Hörbarkeit bei geringster Anzahl
> von Tönen am besten approximiert.**

Die Ergebnisse zeigen, daß das gleichschwebend temperierte 12-Ton-Sys-
tem das dem griechischen Denken und der abendländischen Tradition am
besten angepaßte n-Ton-System ist, was auf die besondere Bedeutung des
Quinten- und des Quarten-Verhältnisses (3:2 bzw. 4:3) für unsere Tonalität zurückzuführen ist. Man vergleiche hierzu noch einmal **A2** und **A3**.
Haben wir also vielleicht auch nicht die beste aller Welten, wie Leibniz
in seiner Theodizee vermutet, so haben wir doch

> **die beste aller Musiken.**

Nachtrag

Wir haben die Bezeichnungen der Töne so gewählt, daß sie unserem heutigen System entsprechen. Wir hätten die Randtöne der zentralen Tetrachorde aber auch mit

$$a - d \text{ und } e - a\text{'}$$

bezeichnen und zu

$$a_\vee b_{\vee\vee} c_{\vee\vee} d_{\vee\vee} e_\vee f_{\vee\vee} g_{\vee\vee} a'$$

ergänzen können. Zwischen b und c fehlte dann ein Halbton "b-is", der nach dem 10. Jahrhundert zur Unterscheidung von b, dem "b-$rotundum$", als ♭, das heißt als "b-$durum$", geschrieben wurde. Dieses mutierte später zu ♮ bzw. h, was im Deutschen die heutige Abweichung im Alphabet erklärt. Noch heute wird unser $h - moll$ im Englischen als B $minor$ bezeichnet, unser b-$moll$ als B $flat$ $minor$, wobei sich das B vom b-durum herleitet.

Kapitel 2

Die Natur der Töne

Bisher haben wir die Höhe der Töne sehr schematisch aus der Saitenlänge eines Monochords abgeleitet, in gewissem Sinne also aus seiner Geometrie. Nun weiß man allerdings schon lange, daß bei Gesang und Instrumentalmusik Luftvolumina in Schwingungen versetzt werden, was man experimentell sichtbar machen kann. Ist nun das schwingende Medium elastisch und sind die Ausschläge der Schwingungen nur klein, so lassen sich die Schwingungen der Form und ihres zeitlichen Verlaufs nach mathematisch genau beschreiben. Ihre Beschreibung erfolgt im kleinen mit Hilfe einer

Differentialgleichung,

im großen unter zusätzlicher Berücksichtigung von

Randbedingungen und Anfangswerten,

die sich aus der Geometrie des Instruments (einschließlich des Resonanzkörpers) bzw. aus der Dynamik des Anschlags ergeben. Dahinter steckt sehr viel Mathematik. Wir können hier nur einen kleinen Einblick gewähren.

In der Musik treten verschiedenartige Schwingungen auf. **Transversale Schwingungen** erscheinen bei den schwingenden Saiten der *Zupf*- und der *Streichinstrumente*, wie Kythara, Harfe, bzw. Violine, Violoncello, usw., aber auch bei den *Clavieren*, wie Clavichord, Cembalo, Klavier, usw., aber auch bei der schwingenden Membran der Pauke, die wir für sich behandeln. **Longitudinale Schwingungen** entstehen bevorzugt bei den *Blasinstrumenten*, wie bei Orgelpfeifen, Flöteninstrumenten, Trompeten, usw. Beide Arten von Schwingungen sind mathematisch gesehen verwandt, da sie dieselbe *partielle Differentialgleichung* erfüllen, die sogenannte **Wellengleichung**. Sie kann abstrakt recht leicht aus einer rein mathematischen Beschreibung der Wellenausbreitung abgeleitet werden. Dieser Weg gibt aber keinen Einblick in ihre physikalische Natur, an dem uns jedoch sehr gelegen ist.

Transversale Schwingungen

Die schwingende Saite

Um die Schwingungen einer Saite (näherungsweise) berechnen zu können, müssen wir voraussetzen, daß sie sehr dünn ist, also gut durch die Punkte x eines Intervalls der Länge l dargestellt werden kann. Außerdem stehe sie unter einer hohen mechanischen Spannung, d.h. in ihr wirke eine hohe Zugkraft (z.B. bei der Violine 60–90 N (Newton)), so daß wir die Schwerkraft, der sie ja auch unterliegt, ebenso wie die auftretenden elastischen Kräfte vernachlässigen können. Zum Vergleich: 1 kg Masse hat auf der Erdoberfläche das Gewicht von etwa 9,81 Newton.

Die Abweichung des Punktes x [in cm] zum Zeitpunkt t [in sec] von der Ruhelage wird durch eine Funktion $u(x,t)$, $0 \leq x \leq l$, $t \geq 0$, beschrieben (Abb. 2). Da die Saite sich in den Endpunkten nicht bewegt, gilt für alle $t \geq 0$

$$u(0,t) = 0, \quad u(l,t) = 0. \qquad \text{(RW)}$$

Man nennt dies die **Randwerte** (RW).

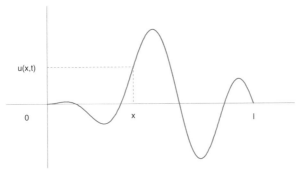

Abbildung 2

Physikalisch wird die Saite durch folgende Größen beschrieben:

q : Querschnitt [in cm^2],

σ : Spannung [in N/cm^2],

ρ : Dichte des Materials [in g/cm^3].

Die Spannung in der Saite sei so groß, daß die an ihr durch die Schwingung selbst bedingten Änderungen vernachlässigt werden können. An jeder Schnittfläche wirken dann die beiden sich gegenseitig neutralisierenden Kräfte k und $-k$ (actio = reactio, 1. Newtonsches Axiom) mit

$$k = \sigma \cdot q \quad [in\ N]. \tag{16}$$

Wir betrachten jetzt einen kleinen Abschnitt der Saite. Er habe die Länge $2h$ [in cm]. Seine Endpunkte sind (näherungsweise) die Punkte

$$\left(x - h, u(x - h, t) \right) \text{ und } \left(x + h, u(x + h, t) \right)$$

(vgl. Abb. 3). Seine Masse ist

$$m = 2hq \cdot \rho. \tag{17}$$

Wir dürfen sie uns im Schwerpunkt konzentriert vorstellen. Er hat näherungsweise die Koordinaten

$$\left(x, u(x, t) \right).$$

Zu jedem Zeitpunkt t stehen die am Saitenstück wirkenden Kräfte im Gleichgewicht. Es sind dies die am linken und am rechten Ende wirkenden Zugkräfte $-k$ bzw. k, sowie die der Beschleunigung entgegenwirkende

Trägheitskraft (Kraft = Masse × Beschleunigung, 2. Newtonsches Axiom), s. Abb. 3.

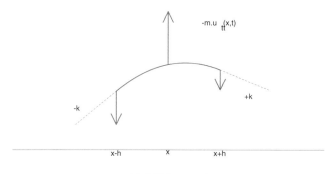

Abbildung 3

Insbesondere stehen die Vertikalkomponenten der drei Kräfte im Gleichgewicht. Es sind dies die Kräfte

$$-k \cdot \frac{u_x(x-h,t)}{\sqrt{1+u_x^2(x-h,t)}},$$

$$k \cdot \frac{u_x(x+h,t)}{\sqrt{1+u_x^2(x+h,t)}}$$

und die Trägheitskraft

$$-m \cdot u_{tt}(x,t).$$

Hier sind u_x und u_{tt} die erste bzw. zweite partielle Ableitung nach x bzw. nach t. Entsprechend werden auch die anderen auftretenden partiellen Ableitungen bezeichnet.

Es gilt also die Kräfte-Bilanz

$$k \cdot \left\{ \frac{u_x(x+h,t)}{\sqrt{1+u_x^2(x+h,t)}} - \frac{u_x(x-h,t)}{\sqrt{1+u_x^2(x-h,t)}} \right\} - m \cdot u_{tt}(x,t) = 0.$$

Unter Benutzung der Funktion

$$f(z,t) := \frac{u_x(z,t)}{\sqrt{1 + u_x^2(z,t)}}$$

sowie von (16) und (17) erhalten wir hieraus

$$\tfrac{\sigma}{\rho} \cdot \tfrac{1}{2h} \cdot \left\{ f(x+h,t) - f(x-h,t) \right\} - u_{tt}(x,t) = 0,$$

woraus sich für $h \to 0$

$$\tfrac{\sigma}{\rho} \cdot f_z(x,t) - u_{tt}(x,t) = 0$$

ergibt. Die hier auftretende partielle Ableitung f_z kann man berechnen. Man erhält, in Kurzschrift,

$$f_z = u_{xx} \cdot \frac{1}{\sqrt{1 + u_x^2}^3},$$

wobei der bei u_{xx} auftretende Faktor bei sehr kleinen Ausschlägen mit großer Genauigkeit durch 1 ersetzt werden darf. Mit der (Material-) Konstanten

$$c := \sqrt{\tfrac{\sigma}{\rho}} \tag{18}$$

ergibt sich damit schließlich die

$$\boxed{\begin{array}{c} \textbf{Wellengleichung (2d)} \\[1ex] u_{tt} - c^2 u_{xx} = 0 \end{array}} \tag{DGL}$$

Sie wurde 1743 von

Jean-Baptiste le Rond d'Alembert

(1717 – 1783, Paris – Paris)

aufgestellt, wohl als erstes Beispiel einer partiellen Differentialgleichung der Mechanik überhaupt.

Wie sehen die Lösungen der Wellengleichung aus? Einzelne Lösungen erhält man beim Ansatz

$$u(x,t) = f(x) \cdot g(t)$$

(sogenannte "Trennung der Veränderlichen"). Dabei muß $f(x)$ die Randbedingungen

$$f(0) = 0, \quad f(l) = 0$$

erfüllen. Genügt andererseits $u(x,t)$ der Wellengleichung, so gilt für alle x und t

$$f(x) \cdot g''(t) - c^2 \cdot f''(x) \cdot g(t) = 0,$$

und soweit $u(x,t) \neq 0$ gilt, gilt auch

$$\frac{f''(x)}{f(x)} = \frac{1}{c^2} \cdot \frac{g''(t)}{g(t)}.$$

Die linke Seite hängt also nicht von x ab, die rechte nicht von t. Daher muß auf beiden Seiten dieselbe Konstante stehen. Es gelte etwa

$$\frac{f''(x)}{f(x)} = -\gamma^2 \quad und \quad \frac{g''(t)}{g(t)} = -c^2 \cdot \gamma^2,$$

wobei wir berücksichtigt haben, daß die Konstante nicht positiv sein kann, – denn sonst hat die zweite Differentialgleichung keine periodische Lösung!

Die erste Gleichung hat die Lösung

$$f(x) = \sin \gamma x.$$

Sie erfüllt stets die Randbedingung $f(0) = 0$. Sie erfüllt auch die Randbedingung $f(l) = 0$, wenn $\gamma \cdot l$ ein ganzzahliges Vielfaches von π ist, also für

$$\gamma = \frac{k\pi}{l} \quad mit \quad k \in \{1, 2, \ldots\}.$$

Nach einer solchen Wahl von γ lösen wir die Gleichung

$$\frac{g''(t)}{g(t)} = -\left(\frac{ck\pi}{l}\right)^2$$

und erhalten

$$g(t) = a_k \cdot \cos \tfrac{ck\pi}{l}t + b_k \cdot \sin \tfrac{ck\pi}{l}t$$

mit zunächst beliebigen Koeffizienten a_k und b_k. Tatsächlich ist die Funktion

$$u_k(x,t) = \left\{a_k \cdot \cos \tfrac{ck\pi}{l}t + b_k \cdot \sin \tfrac{ck\pi}{l}t\right\} \cdot \sin \tfrac{k\pi}{l}x \qquad (19)$$

für jedes $k = 1, 2, \ldots$ und bei jeder Wahl der Koeffizienten eine **Grundlösung** der Wellengleichung, die auch die Randbedingungen erfüllt. Man kann sie auf einfache trigonometrische Weise noch auf die Gestalt

$$u_k(x,t) = A_k \cdot \cos \tfrac{ck\pi}{l}(t - \phi_k) \cdot \sin \tfrac{k\pi}{l}x \qquad (20)$$

mit $A_k = \sqrt{a_k^2 + b_k^2}$ bringen. Sie zeigt dann eine **Amplitude** A_k [in cm]) und eine **Phase** ϕ_k [in sec], und setzt man noch

$$\lambda_k := \frac{2l}{c} \cdot \frac{1}{k} \qquad (21)$$

[in sec], so gilt

$$u_k(x, t + \lambda_k) = u_k(x,t).$$

$u_k(x,t)$ ist also in der Zeit periodisch mit der **Periode** λ_k [in sec]. Die Größe $\nu_k := \frac{1}{\lambda_k} = \frac{ck}{2l}$ [in Hz] heißt **Frequenz** der (Eigen-) Schwingung. Wegen (18) gilt

$$\nu_k = \tfrac{1}{2l} \sqrt{\tfrac{\sigma}{\rho}} \cdot k \qquad (22)$$

[in Hz]. Wegen $\nu_k \cdot \lambda_k = 1$ zählt ν_k die Anzahl der Perioden λ_k, welche auf eine Sekunde entfallen. Mit ihrer Hilfe kann man (19) und (20) umschreiben zu

$$u_k(x,t) = \left\{ a_k \cdot \cos 2\pi\nu_k t + b_k \cdot \sin 2\pi\nu_k t \right\} \cdot \sin \tfrac{k\pi}{l} x \qquad (19\text{a})$$

bzw. zu

$$u_k(x,t) = A_k \cdot \cos 2\pi\nu_k(t - \phi_k) \cdot \sin \tfrac{k\pi}{l} x \qquad (20\text{a})$$

Die Abbildungen 4a–c zeigen den Verlauf von $u_k(x,t)$ für $k = 1,2,3$ zu verschiedenen Zeitpunkten. Die Amplituden sind zur besseren Veranschaulichung extrem überhöht.

$u_k(x,t)$ **für verschiedene** t**:**

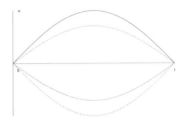

Abbildung 4a (k=1)

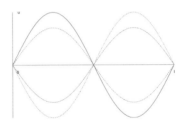

Abbildung 4b (k=2)

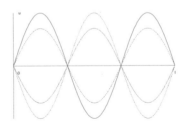

Abbildung 4c (k=3)

Ton und Frequenz

Für jedes $k = 1, 2, 3, \ldots$ hat die Wellengleichung eine Grundlösung $u_k(x, t)$ mit einer Amplitude, Phase und Frequenz. Die erste von ihnen, $u_1(x, t)$, hat die Frequenz

$$\nu_1 = \sqrt{\tfrac{\sigma}{\rho}} \cdot \tfrac{1}{2l}. \qquad (23)$$

Sie ist wie die Tonhöhe des durch die Saite bestimmten Tones umgekehrt proportional zur Saitenlänge. Daher ist es grundsätzlich möglich, die Grundlösung $u_1(x, t)$ mit einem Ton zu identifizieren und dessen Tonhöhe mithilfe ihrer Frequenz ν_1 zu messen. Die Eichung der Tonhöhen-Skala kann dabei willkürlich durch Festlegung der Frequenz eines einzigen Tones vorgenommen werden. Eine solche Eichung erfolgte tatsächlich durch die folgende Festlegung:

$$\textbf{Kammerton } a' :$$
$$H(a') = 435 \; Hertz \; ,$$

zunächst 1858 als Empfehlung der Pariser Akademie, endgültig 1885 durch die Internationale Musikerkonferenz in Wien. 1939 wurden von deutscher Seite $440 \, Hz$ empfohlen. Tatsächlich tendieren heute aber vor allem die amerikanischen Orchester im Kampf um immer mehr "Glanz" zu einer noch höheren Intonation. Wie wir allerdings schon in Kapitel 1 sahen, ist "Mehr Glanz" nicht nur eine Frage der absoluten Tonhöhe, sondern vor allem eine Frage der Lage des Eichtons der gleichschwebenden Temperatur zu dem der reinen Stimmung.

Die Formel (23) hat eine eigene Geschichte. Sie wurde schon von

Marin Mersenne
(1588 – 1648, Soultière – Paris)

experimentell gefunden.

Mersenne ist den Musikern wohlbekannt durch seine

Harmonie Universelle (1636)

in der er sich unter anderem den Blasinstrumenten widmet. Hier inter-
essierte ihn besonders das Problem der Bohrungen bei der Flöte, das
erst im kommenden Jahrhundert (konische Bohrungen) bzw. sogar erst
zwei Jahrhunderte nach Mersenne (Böhmflöte) zufriedenstellend gelöst
werden sollte. Solange mußte die Flöte also noch auf ihre Emanzipation
gegenüber den Streichinstrumenten warten. Die Gründe sind, wie wir sehen werden, zum Teil rein mathematischer Natur.

Mersenne ist aber auch den Mathematikern wohlbekannt, insbesondere
von den nach ihm benannten **Mersenne-schen Primzahlen.** Es sind
dies Primzahlen der Gestalt

$$2^{n+1} - 1, \quad n \in \mathbb{N},$$

wie die Primzahlen **3**=4–1, **7**=8–1, **31**=32–1, usw. Nicht jede Zahl dieser
Gestalt ist wirklich eine Primzahl, aber wenn N eine **vollkommene Zahl
ist**, das heißt, wenn N die Summe ihrer echten Teiler ist, dann gilt

$$N = 2^n \cdot (2^{n+1} - 1),$$

wobei der zweite Faktor notwendiger Weise eine Mersenne-sche Primzahl
ist. Beispiele hierzu sind die vollkommenen Zahlen

$$1+2+3 = \quad 6 \quad = 2 \cdot 3,$$
$$1+2+4+7+14 = \quad 28 \quad = 4 \cdot 7,$$
$$1+2+4+8+16+31+62+124+248 = \quad 496 \quad = 16 \cdot 31.$$

Später, nach Mersenne, wurde die Formel (23) auch theoretisch, das heißt auf mathematischem Wege hergeleitet, und zwar von

Brook Taylor
(1685 – 1731, Edmonton – London).

Ihre außerordentliche Bedeutung für die Musik besteht darin, daß sie zeigt, wie die Frequenz – außer von der Saitenlänge – abhängt von der Spannung σ und der Dichte ρ, wobei folgender Zusammenhang besteht:

> **Vergrößert man die Spannung der Saite,**
> **so erhöht sich der Grundton.**

> **Vergrößert man die Dichte der Saite,**
> **so erniedrigt sich der Grundton.**

Beides war dem Prinzipe nach auch Pythagoras schon bekannt. Ihm, der überall in der Natur das Mathematische suchte, war aber noch nicht vergönnt, diese Erkenntnis rein mathematisch allein aus der Wellengleichung abzuleiten. Die praktische Bedeutung der Erkenntnis für die Musik besteht seit dem Altertum darin, daß es möglich ist, verschieden hohe (Grund-) Töne mit Saiten gleicher Länge zu erzeugen. Zum Beispiel haben die im Quinten-Abstand stehenden *g-, d'-, a'-, e''-Saiten* der Violine gleiche Länge, was zur Folge hat, daß *Doppelgriffe*, welche die gegriffenen Saiten ja im gleichen Verhältnis teilen, wieder auf *Quinten* führen.

Harmonische Naturton-Reihe (Obertöne)

Mit dem **Grundton** $u_1(x,t)$ treten gleichzeitig die **Obertöne** $u_k(x,t)$, $k = (1), 2, 3, \ldots$, auf mit den Frequenzen

$$\nu_k = k \cdot \nu_1, \quad k = 1, 2, 3, \ldots, \tag{24}$$

siehe (22). Sie bilden zusammen die **harmonische Naturton-Reihe**. (Der Mathematiker würde allerdings lieber von einer Naturton-Folge sprechen.) Sie war schon Mersenne, und wahrscheinlich auch schon Aristoxenos bekannt. Ihre Tonhöhen verhalten sich wie ihre **Ordnungen** k, also wie

$$\mathbf{1 : 2 : 3 : 4 : 5 : 6 : \ldots} \, .$$

Die ersten Obertöne erscheinen also in der Reihenfolge

Oktave, Quinte, Quarte, Terz, kl. Terz,

die von uns je als Wohlklang wahrgenommen werden. Auch die bereits von Aristoxenos benutzten Verhältnisse 9:8 und 10:9, die kl. Sekunde 16:15, sowie das die Erhöhung (bzw. die Erniedrigung) definierende Verhältnis 25:24 leiten sich aus der Naturton-Reihe ab. Das Verhältnis 7:6 scheint den Musikern allerdings zu mißfallen, doch kommt das Verhältnis 8:7 immerhin bei Archytas als übergroßer Ganztonschritt vor. Näherungsweise werden wir ihn in der Naturton-Reihe der Kesselpauke entdecken.

Hörbarkeitsgrenze

Selbst das geübteste Ohr kann nur Töne bis zu einer Höhe von etwa 20.000 Hz wahrnehmen. Wegen 20.000/435 $\approx$ 46 ist daher höchstens noch der 45. Oberton von a' hörbar. Da man aufgrund der trigonometrischen Additionstheoreme auch die Summe und vor allem die Differenz zweier Frequenzen wahrnimmt, die letztere als sogar unangenehme Schwebung, sind die hohen Obertöne allerdings nicht ganz ohne Bedeutung.

Klang und Klangfarbe

Da die Wellengleichung "linear" ist, wie der Mathematiker sagt, ist jede endliche und jede (konvergente) unendliche Summe von Grundlösungen

$$u(x,t) = \sum_{k=1}^{\infty} u_k(x,t) \qquad (25)$$

wieder eine Lösung der Wellengleichung, sie stellt also wieder eine mögliche Saiten-Schwingung dar, kurz einen "Ton". Eine Überlagerung (25) von Grund- und Obertönen nennt man aber besser einen **Klang** – auch dann, wenn sie durch mehrere verschiedene Saiten erzeugt sein sollte. Ausführlich geschrieben hat ein Klang also die Gestalt

$$u(x,t) = \sum_{k=1}^{\infty} \left\{ a_k \cos(2\pi\nu_k \cdot t) + b_k \sin(2\pi\nu_k \cdot t) \right\} \cdot \sin \tfrac{k\pi}{l}\, x.$$

Er hat eine besondere **Klangfarbe**, welche durch die **Fourier-Koeffizienten**

$$a_1,\, a_2, \ldots \quad und \quad b_1,\, b_2, \ldots$$

bestimmt ist, die den Frequenzen $\nu_1, \nu_2, \ldots$ zugeordnet sind. Die Fourier-Koeffizienten wiederum berechnen sich auf eindeutige Weise aus den **Anfangswerten**

$$A(x) := u(x,0) \quad und$$
$$B(x) := u_t(x,0),$$

wobei der Zeitpunkt $t = 0$ willkürlich gewählt ist. Die Anfangswerte haben dabei die folgende Bedeutung:

$A(x)$ beschreibt die **Form** der Saite zum Zeitpunkt $t = 0$, dabei gilt

$$A(x) = \sum_{k=1}^{\infty} a_k \sin \tfrac{k\pi}{l}\, x,$$

und die Theorie der Fourier-Reihen zeigt, wie sich die Folge der a_1, a_2, ... aus der Funktion $A(x)$ berechnen läßt.

$B(x)$ dagegen beschreibt die **Anfangsgeschwindigkeit** der Punkte x der Saite zur Zeit $t = 0$, und die Folge der b_1, b_2, ... ergibt sich aus der Funktion $B(x)$ auf ähnliche Weise.

Beide Folgen zusammen bestimmen die Amplituden und die Phasen.

Somit hängen der Klang (und seine Klangfarbe als subjektive Wahrnehmung) einzig und allein von den Anfangswerten ab. Diese werden ihrerseits bestimmt durch die Art der Energiezufuhr, wie Streichen, Zupfen, Anschlagen. Wir geben hierzu

Ein Beispiel

Die Saite einer Kythara, einer Harfe oder eines Cembalos habe, der Einfachheit halber, die Länge $l = \pi$ (in einer beliebigen Längeneinheit). Sie werde zum Zeitpunkt $t = 0$ in der Mitte ($x = \tfrac{\pi}{2}$, Fall 1) oder auf einem Drittel ihrer Länge ($x = \tfrac{\pi}{3}$, Fall 2) nur **gezupft**. Das heißt, die Saite wird auf die Gestalt $A(x)$ von Abbildung 5a bzw. 6a gebracht und ohne Anfangs-Geschwindigkeit, also mit $B(x) = 0$ losgelassen.

Natürlich muß man sich die Verformung sehr klein vorstellen, was unser Modell so noch nicht wiedergibt, was jedoch dadurch berücksichtigt werden kann, dass die Maßeinheit in der u-Richtung entsprechend klein gewählt wird.

Fall 1

In diesem Fall gilt, neben $B(x) = 0$,

$$A(x) = \begin{cases} x & \text{für } 0 \le x \le \frac{\pi}{2}, \\ \pi - x & \text{für } \frac{\pi}{2} < x \le \pi, \end{cases}$$

und die Theorie der Fourierreihen liefert die folgenden Ergebnisse:

$$a_2 = a_4 = a_6 = \cdots = 0,$$

$$a_{2k+1} = (-1)^k \cdot \frac{4}{\pi} \cdot \frac{1}{(2k+1)^2} \text{ für } k = 0, 1, \ldots.$$

Damit ergibt sich für $A(x)$ die Darstellung

$$A(x) = \frac{4}{\pi} \cdot \left\{ \sin x - \frac{1}{3^2} \sin 3x + \frac{1}{5^2} \sin 5x \mp \cdots \right\}.$$

Der Test muß $A(\frac{\pi}{2}) = \frac{\pi}{2}$ ergeben. Das ist äquivalent zu

$$1 + \frac{1}{3^2} + \frac{1}{5^2} + \frac{1}{7^2} + \cdots = \frac{\pi^2}{8} = \underline{1,2337005}\ldots.$$

Tatsächlich hat die Summe der ersten 25 Glieder der Reihe bereits den Wert $\underline{1,23370}\ldots$. Die Formel enthält natürlich eine für sich bemerkenswerte Darstellung der Zahl $\frac{\pi^2}{8}$. Abbildung 5b gibt das 5a entsprechende **Amplituden-Diagramm** wieder. Wegen $b_k = 0$ ist $A_k = |a_k|$.

Anfangslage der Saite ...

(extrem überhöht)

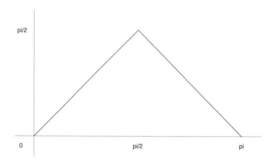

Abbildung 5a

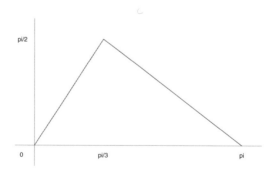

Abbildung 6a

... und Amplituden-Diagramm dazu

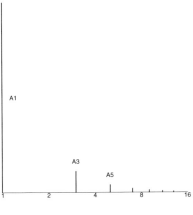

Abbildung 5b

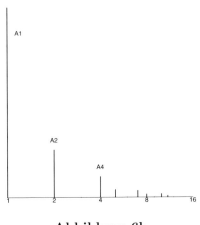

Abbildung 6b

Fall 2

In diesem Fall gilt, neben $B(x) = 0$,

$$A(x) = \begin{cases} \frac{3}{2}x & \text{für } 0 \leq x \leq \frac{\pi}{3}, \\ \frac{3}{4}(\pi - x) & \text{für } \frac{\pi}{3} < x \leq \pi, \end{cases}$$

und wir erhalten die folgenden Ergebnisse:

$$a_3 = a_6 = a_9 = \cdots = 0,$$

$$a_{3k+1} = \frac{9}{2\pi} \cdot \frac{1}{(3k+1)^2} \cdot \sin(k + \tfrac{1}{3})\pi$$
$$= (-1)^k \cdot \frac{9\sqrt{3}}{4\pi} \cdot \frac{1}{(3k+1)^2} \qquad \text{für } k = 0, 1, 2, \ldots,$$

$$a_{3k+2} = \frac{9}{2\pi} \cdot \frac{1}{(3k+1)^2} \cdot \sin(k + \tfrac{2}{3})\pi$$
$$= (-1)^k \cdot \frac{9}{4\pi} \cdot \frac{1}{(3k+2)^2} \qquad \text{für } k = 0, 1, 2, \ldots.$$

Damit ergibt sich für $A(x)$ die Darstellung

$$A(x) = \frac{9}{4\pi} \cdot$$
$$\{\sqrt{3}\sin x + \tfrac{1}{2^2}\sin 2x - \tfrac{\sqrt{3}}{4^2}\sin 4x - \tfrac{1}{5^2}\sin 5x + \tfrac{\sqrt{3}}{7^2}\sin 7x$$
$$+ \tfrac{1}{8^2}\sin 8x - - + + \cdots\}.$$

Abbildung 6b gibt das 6a entsprechende **Amplituden-Diagramm** wieder. (Siehe Seite 78 und 79. Wegen $b_k = 0$ ist $A_k = |a_k|$.)

Es ist bemerkenswert, daß im Fall 1 jeder zweite Oberton nicht vorkommt. Im Fall 2 gilt das für jeden dritten. Der Unterschied ergibt sich allein aus der unterschiedlichen Form der Saite am Anfang. Würde sie zugleich einen Impuls und damit eine von Null verschiedene Anfangs-Geschwindigkeit $B(x)$ erhalten, zum Beispiel im Falle des Klaviers durch einen Anschlag, so würde sich das Amplituden-Diagramm vollkommen ändern.

Resonanzkörper

Anders als eine schwingende Luftsäule kann eine schwingende Saite nur wenig Energie in ihre Umgebung abstrahlen, da sich Druckunterschiede auf gegenüberliegenden Seiten rasch ausgleichen, bis hin zum **akustischen Kurzschluß** durch **Interferenz**. Der Verbesserung der Abstrahlungsverhältnisse dient der **Resonanzkörper**. Er bewirkt eine Asymmetrie der Druckverhältnisse und ermöglicht dadurch überhaupt erst eine wirkungsvolle Energie-Abstrahlung. Allerdings begünstigt er die verschiedenen Frequenzen unterschiedlich. Dabei spielt schon die Elastizität des verwendeten Lackes eine große Rolle. Insofern hat der Resonanzkörper einen ganz entscheidenden Einfluß auf die Klangfarbe eines Instruments.

Flageolett-Töne

Wir sahen, daß die Klangfarbe beim Saitenspiel von den Anfangswerten bestimmt wird, und natürlich auch vom Griff. Will der Spieler nun einen bestimmten Oberton besonders provozieren, so kann er dies erreichen durch ein zusätzliches leichtes Berühren der Saite an einem geeigneten Schwingungsknoten. Der Grundton wird dadurch gedämpft, der gewünschte Oberton verstärkt. Die entstehenden **Flageolett-Töne**, benannt nach einem barocken Flöteninstrument, klingen sehr ätherisch. Die Technik wird seit Paganini unter anderem von Strawinski und der Schönberg-Schule benutzt. Vor allem ein rascher Wechsel von Flageolett- und normalen Tönen führt zu einer starken Expressivität.

Longitudinalschwingungen

Obwohl schwingende Stäbe in der Musik eher eine geringe Rolle spielen, entwickeln wir die Theorie der Longitudinalwellen der Einfachheit halber zunächst für sie. Für schwingende Luftsäulen ergibt sich danach Entsprechendes.

Der schwingende Stab

Wir betrachten einen dünnen homogenen Stab der Länge l [in cm] mit dem Querschnitt q [in cm^2]. Er werde durch die Punkte x des Intervalls $0 \leq x \leq l$ dargestellt. Zunächst sei er am linken Ende ($x = 0$) fest eingespannt. Wirkt an ihm am rechten Ende eine Kraft k [in dyn], so erfahren alle Punkte x des Stabes eine (sehr) kleine Verschiebung $u(x)$, die am Ende des Stabes den Wert a erreicht [in cm]. Die Kraft ist proportional zu a und zu q, aber umgekehrt proportional zur Länge l. Es gilt also das

$$\boxed{\begin{array}{c} \textbf{Hooke-sche Gesetz} \\ k = \epsilon \cdot q \cdot \frac{a}{l} \end{array}} \qquad (26)$$

(in seiner einfachsten Form) mit einer Materialkonstanten ϵ, der sogenannten **Elastizitätskonstanten**. Die Auslenkung des Punktes x hat an der Gesamtverschiebung den Anteil

$$u(x) = a \cdot \frac{x}{l}.$$

Dies ist eine **lineare Funktion**. Der Verlauf von $u(x)$ ist in Abbildung 7a dargestellt.

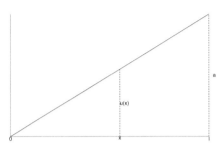

Abbildung 7a

An den beiden Ufern jeden Querschnitts x greifen die beiden sich gegenseitig aufhebenden Kräfte $k(x)$ und $-k(x)$ an, wobei, wegen (26), $k(l) = \epsilon \cdot q \cdot \frac{a}{l}$ gilt. Wegen

$$u'(x) = \frac{a}{l}$$

nimmt das **Hooke-sche Gesetz** somit die Form

$$k(x) = \epsilon \cdot q \cdot u'(x) \tag{27}$$

an. Bei dieser Formulierung nimmt es also keinen Bezug mehr auf die Lage und die Länge des Stabes, sondern es bezieht sich nur noch auf die lokalen Größen $k(x)$ und $u'(x)$.

Wird der Stab nun auf dynamische Weise ganz anders verformt, so tritt eine anders geartete, meist **nichtlineare Auslenkungsfunktion** $u(x)$ auf, s. Abbildung 7b.

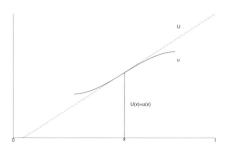

Abbildung 7b

In der Nähe von x kann aber $u(\cdot)$ mit großer Genauigkeit durch die lineare (Tangenten-)Funktion $U(\cdot)$ mit

$$U(\xi) = u(x) + u'(x) \cdot (\xi - x)$$

ersetzt werden, sowie $k(\cdot)$ durch die zu $U(\cdot)$ gehörige Kraftfunktion $K(\cdot)$ mit $K(x) = k(x)$. Für sie gilt wieder

$$K(x) = \epsilon \cdot q \cdot U'(x).$$

Wegen $U'(x) = u'(x)$ folgt aus beidem zusammen, daß wieder (27) gilt, jetzt aber auch für die nichtlineare Funktion $u(x)$.

Nach dieser Vorbereitung betrachten wir einen schwingenden Stab zum Zeitpunkt t [in sec]: Die Auslenkung ist jetzt auch eine Funktion der Zeit, wir haben also $u(x)$ durch eine Funktion $u(x,t)$ zu ersetzen, ebenso $k(x)$ durch $k(x,t)$. Das Hooke-sche Gesetz besagt dann, daß zu allen Zeiten

$$k(x,t) = \epsilon \cdot q \cdot u_x(x,t) \tag{28}$$

gilt, wobei u_x die partielle Ableitung von u nach dem ersten Argument bedeutet. Entsprechend werden u_{xx}, u_t und u_{tt} definiert.

Im weiteren betrachten wir nur noch einen kleinen Abschnitt unseres Stabes, der von den Punkten x und $x+h$ begrenzt wird, mit sehr kleinem $h > 0$, s. Abbildung 8.

Abbildung 8

Am linken bzw. am rechten Ufer wirken die Kräfte

$$-k(x,t) = -\epsilon \cdot q \cdot u_x(x,t), \text{ bzw.}$$

$$k(x+h,t) = \epsilon \cdot q \cdot \left\{ u_x(x,t) + h \cdot u_{xx}(x,t) + h^2 \cdot [\ldots] \right\}.$$

Außerdem wirkt am Schwerpunkt $s = x + \frac{h}{2}$ der Masse $m = q \cdot h \cdot \rho$, ρ die Dichte des Stabes, eine der Beschleunigung $u_{tt}(x+\frac{h}{2},t)$ entgegenwirkende Trägheitskraft

$$-m \cdot u_{tt}(x + \tfrac{h}{2}, t).$$

(2. Newtonsches Axiom). Da nun aber die Summe der drei Kräfte Null ergeben muß (1. Newtonsches Axiom), gilt

$$\epsilon \cdot q \cdot h \cdot u_{xx}(x,t) + h^2 \cdot [\ldots] - q \cdot h \cdot \rho \cdot u_{tt}(x + \tfrac{h}{2}, t) = 0$$

Hier heben sich die Faktoren q und h auf beiden Seiten heraus, und für $h \to 0$ ergibt sich

$$u_{tt}(x,t) - \frac{\epsilon}{\rho} \cdot u_{xx}(x,t) = 0.$$

Mit

$$c := \sqrt{\frac{\epsilon}{\rho}} \qquad (29)$$

gilt also wieder die Wellengleichung

$$u_{tt} - c^2 u_{xx} = 0.$$

Die Konstante hat jetzt aber eine andere Bedeutung als im Falle der schwingenden Saite, vgl. Abschnitt "Transversale Schwingungen", (18).

Die schwingende Luftsäule

Ein zylindrisch gebohrtes Rohr habe den Querschnitt q [in cm^2] und sei am linken Ufer ($x = 0$) verschlossen. Ein Rohrabschnitt der Länge l werde durch das Intervall $0 \leq x \leq l$ [in cm] dargestellt, s. Abbildung 9.

Abbildung 9

In ihm befinde sich die Masse m [in g] eines Gases, in unserem Fall von Luft. Dieses Gas nimmt beim Druck p_0 [in dyn/cm^2] das Volumen V_0 [in cm^3] ein und hat die Dichte

$$\rho_0 = \frac{m}{V_0}.$$

Man stelle sich den Querschnitt bei l verschieblich vor, wie bei einer Luftpumpe. Wirkt an ihm nun eine Kraft k, so verschiebt er sich etwas, etwa um a, und das von m eingenommene Volumen verändert sich um den Wert $\Delta V = a \cdot q$, nimmt also den Wert $V = V_0 + \Delta V$ an. Gleichzeitig ändert sich der Druck zu $p = p_0 + \Delta p$, und es gilt, sofern die Zustandsänderung langsam und damit *isotherm* erfolgt, was wir vorläufig einmal unterstellen, das

> **Boyle-Mariotte-sche Gesetz**
> $$p \cdot V = p_0 \cdot V_0$$

(*Robert Boyle 1626 – 1691, Edme Mariotte 1620 – 1684*). Es gilt also die Beziehung

$$(p_0 + \Delta p) \cdot (V_0 + \Delta V) = p_0 \cdot V_0,$$

aus der sich

$$p_0 \cdot \Delta V + V_0 \cdot \Delta p + \Delta p \cdot \Delta V = 0$$

ergibt. Nach Division mit V_0 folgt hieraus unter Vernachlässigung eines für $\Delta V \to 0$ von zweiter Ordnung verschwindenden Gliedes die Gleichung

$$\Delta p = -\frac{p_0}{V_0} \cdot \Delta V.$$

Diese Druckänderung bewirkt am linken Ufer des Querschnitts die Kraft $q \cdot \Delta p$, welche mit der am rechten Ufer wirkenden Kraft k im Gleichgewicht steht, so daß also ihre Summe Null ergibt. Damit erhalten wir

$$k = -q \cdot \Delta p = q \cdot p_0 \cdot \frac{\Delta V}{V_0} = p_0 \cdot q \cdot \frac{a \cdot q}{l \cdot q}.$$

Setzen wir also noch

$$\epsilon := p_0,$$

so gilt

$$\boxed{k = \epsilon \cdot q \cdot \frac{a}{l}}. \tag{26a}$$

Dieses Gesetz hat wieder die Gestalt von (26), wobei die Konstante ϵ jetzt allerdings eine andere Bedeutung hat. Wir nennen (26a) das **Hooke-sche Gesetz für Gase**.

Nun sei, wie im Falle des elastischen Stabes, $u(x,t)$ wieder die Auslenkungsfunktion, und wir definieren c wie in (29), aber unter Berücksichtigung der neuen Bedeutungen. Offenbar ist dann

$$c := \sqrt{\frac{p_0}{\rho_0}} \tag{29a}$$

zu setzen. Im übrigen ergibt sich wieder die Wellengleichung

$$u_{tt} - c^2 u_{xx} = 0,$$

wie oben, und wie im Falle der schwingenden Saite.

Die Wellengleichung beschreibt als partielle Differentialgleichung nur das lokale Verhalten der Luft. Es ist daher völlig klar, daß sie auch dann gilt, wenn das Rohr an beiden Enden offen oder an beiden Enden geschlossen ist. Sie gilt also überhaupt.

Pfeifen

Wird die im Rohr befindliche Luftsäule auf irgendeine Weise zu Schwingungen angeregt, so sprechen wir von einer Pfeife. Eine Pfeife kann an jedem seiner Enden offen oder geschlossen sein. Musikalisch relevant sind folgende Kombinationen:

$$\text{Typ } I: \quad \text{offen} - \text{geschlossen},$$
$$\text{Typ } II: \quad \text{offen} - \text{offen}.$$

Die geschlossene Pfeife

Die Pfeife vom Typ I entspricht der Situation von Abbildung 9, in der das linke Ende geschlossen und das rechte offen ist, sofern der Kolben herausgedacht wird. Man nennt sie kurz eine geschlossene Pfeife. Stellt man sich zusätzlich am linken Ufer ein Mundstück angebracht vor, über welches die Luftsäule mit Hilfe eines Rohrblattes oder Doppel-Rohrblattes zu Schwingungen angeregt werden kann, so erkennt man, daß die geschlossene Pfeife das Modell zum Beispiel einer Klarinette bzw. einer Oboe oder eines Fagotts ist. Erregt man sie aber von der rechten, offenen Seite her, etwa über ein Lippenstück, so wird sie zum Modell einer gedackten Orgelpfeife. Mathematisch entscheidend ist, daß diese Instrumente vom Typ I sind und die Schwingungen der Wellengleichung genügen.

Am geschlossenen Ufer einer Pfeife kann naturgemäß keine Bewegung in der Längsrichtung des Rohres stattfinden. Hier liegt also ein **Schwingungs-Knoten** vor. Dagegen treten am offenen Ufer keine Druckunterschiede auf, in (28) ist also $k(l,t) = 0$ zu setzen, was $u_x(l,t) = 0$ zur Folge hat. Hier handelt es sich also um einen **Schwingungs-Bauch**, s. Abb. 10. Damit sind die Randbedingungen gegeben durch

$$u(0,t) = 0, \quad u_x(l,t) = 0. \tag{RB/I}$$

Die Lösungen $u(x,t)$ der Wellengleichung, die wir von der schwingenden Saite her kennen, genügen zwar der ersten Randbedingung, nicht aber der zweiten. Daher machen wir erneut den Produktansatz

$$u(x,t) = f(x) \cdot g(t).$$

Die Wellengleichung ist wieder erfüllt, wenn $f(x)$ und $g(t)$ mit einer Konstanten γ den Differentialgleichungen

$$f''(x) = -\gamma^2 \cdot f(x), \quad g''(t) = -\gamma^2 c^2 \cdot g(t)$$

genügen, und die Randbedingungen (RB/I) nehmen die folgende Gestalt an:

$$f(0) = 0, \quad f'(l) = 0.$$

Wie im Falle der schwingenden Saite löst die Funktion

$$f(x) = \sin \gamma x$$

die erste Differentialgleichung und die erste Randbedingung. Wegen $f'(x) = \gamma \cdot \cos \gamma x$ ist auch die zweite Randbedingung erfüllt für

$$\gamma = \frac{2k-1}{l} \cdot \frac{\pi}{2}, \quad k \in \{1, 2, \ldots\}.$$

Für die geschlossene Pfeife erhalten wir so die **Grundlösungen**

$$u(x,t) = \left\{ a_k \cdot \cos \frac{c(k - \frac{1}{2})\pi}{l} t + b_k \cdot \sin \frac{c(k - \frac{1}{2})\pi}{l} t \right\} \cdot \sin \frac{(k - \frac{1}{2})\pi}{l} x$$

für $k = 1, 2, \ldots$.

Schreibt man sie in der Form

$$u(x,t) = \left\{ a_k \cdot \cos \frac{c(2k-1)\pi}{2l} t + b_k \cdot \sin \frac{c(2k-1)\pi}{2l} t \right\} \cdot \sin \frac{(2k-1)\pi}{2l} x,$$

so erkennt man, daß es sich um die von der schwingenden Saite her schon bekannten Grundlösungen $u_{2k-1}(x,t)$ zur doppelten Saitenlänge $2l$ handelt. Sie haben also die Frequenzen $\nu_{2k-1} = \frac{c}{4l} \cdot (2k-1)$, woraus sich

$$\nu_{2k-1} = (2k-1) \cdot \nu_1, \quad k = 1,2,3,\ldots$$

ergibt. Die Grundlösungen sind jetzt allerdings nur auf dem Intervall $0 \leq x \leq l$ zu betrachten. Die ersten von ihnen sind die Schwingungen u_1, u_3, u_5, die wir in Abbildung 10 dargestellt haben.

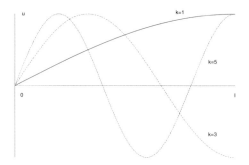

Abbildung 10 $(u_k(x,0),\ k = 1,3,5)$.

Der deutliche Unterschied zu der Frequenzfolge (24) besteht jetzt darin, daß nur die Obertöne ungerader Ordnung auftreten, die auftretenden Frequenzen bzw. Tonhöhen sich also wie

$$1 : 3 : 5 : \ldots$$

verhalten, wobei die Obertöne in der Reihenfolge

Duodezime, Sexte, ...

erscheinen.

Der Ton u_1 ist der tiefste Ton des Instrumentes überhaupt. Die nächst höheren Töne des Instruments werden durch das Öffnen gewisser Grifflöcher erzeugt. In einem gewissen Sinn bedeutet das nur, daß die Rohrlänge verkürzt wird, diese Töne also ihrerseits wieder als tiefste Töne angesehen werden können. Auch sie haben Obertöne, die im Verhältnis $1 : 3 : 5 : \ldots$ auftreten. Jeder Ton des Instruments hat also eine Klangfarbe, die durch den Griff, den Ansatz und das Material bestimmt wird, aus dem das Rohr als Resonanzkörper gefertigt ist. Es würde den Rahmen dieses Streifzuges sprengen, wollten wir auf die damit aufgeworfenen Fragen nach der zweckmäßigen Lage der Grifflöcher, des Griffes und der Blastechnik weiter eingehen. Stattdessen betrachten wir mit einigem Recht nur den *tiefsten Ton* des Instruments u_1 und *seine* Obertöne, und überlassen wir das andere dem Instrumentenbauer und dem Künstler.

Ersetzen wir die Konstante c von (18) durch diejenige von (29a) bei gleichzeitiger Verdoppelung der Rohrlänge, so erhalten wir in Analogie zur Formel (23) von Mersenne für die schwingende Saite jetzt für die geschlossene Pfeife die Formel

$$\nu_1 = \sqrt{\frac{p_0}{\rho_0}} \cdot \frac{1}{4l} \ . \tag{30}$$

Wir werden sie allerdings noch zu modifizieren haben.

Anders als im Falle der schwingenden Saite hängt die Frequenz nun aber nur von der Länge des Rohres ab, da die folgenden Werte bei Normaltemperatur vorgegeben sind:

$$p_0 = 1,0133 \ Bar = 1,0133 \cdot 10^6 \ cm^{-1} g \, sec^{-2},$$

$$\rho_0 = 0,001293 \ cm^{-3} g.$$

Wegen (30) ergibt sich umgekehrt die Länge aus dem Grundton nach der Formel

$$l = \sqrt{\frac{p_0}{\rho_0}} \cdot \frac{1}{4\nu_1}.$$

Beispiel: Das Fagott

Ein Fagott habe einen Tonumfang von B_2 bis b'. Wir interessieren uns für seinen tiefsten Ton. Er entsteht, wenn alle Öffnungen des Rohres gedeckt sind.

Im 17-Ton-System hat b' die Frequenz

$$\tfrac{27}{25} \cdot 435 \ Hz = 469{,}80 \ sec^{-1}.$$

(gleichschwebend: 460,87 Hz). Das ergibt sich aus Tabelle 2 und (15). Damit erhalten wir für B_2, das vier Oktaven tiefer steht, die Frequenz

$$\nu_1 = 29{,}36 \, sec^{-1},$$

mit der das Fagott zu den tiefsten Instrumenten gehört. Dieser Frequenz entspräche die Rohrlänge

$$l = \sqrt{\frac{1,0133 \cdot 10^6}{0,001293} \cdot \frac{1}{4 \cdot 29,36}} \ cm = 238{,}37 \ cm,$$

das sind 2,38 m (gleichschwebend: 2,43 m). Tatsächlich benötigt man allerdings eine etwas größere Länge. Das liegt daran, daß die Schwingungen schon bei 30 Hz so rasch erfolgen, daß die auftretenden Druckschwankungen auch Temperaturschwankungen verursachen, der Vorgang also *nicht mehr isotherm* verläuft, sondern mehr und mehr *adiabatisch*, das heißt ohne Wärmeaustausch. Das Boyle-Mariotte-sche Gesetz muß daher schließlich durch das das **Poisson-sche Gesetz**

$$p \cdot V^{\kappa} = p_0 \cdot V_0^{\kappa}$$

ersetzt werden (*Simeon Denis Poisson, 1781–1840*). Hierin ist κ das Verhältnis der spezifischen Wärme der Luft bei konstantem Druck und der bei konstantem Volumen. Aus dem Poisson-schen Gesetz erhält man bei Vernachlässigung von Gliedern zweiter Ordnung die Gleichung

$$\Delta p = -\kappa \cdot \frac{p_0}{V_0} \cdot \Delta V.$$

Das Hooke-sche Gesetz für Gase (26a) gilt wieder, wenn

$$\epsilon := \kappa \cdot p_0$$

gesetzt wird. Entsprechend ergibt sich für den adiabatischen Vorgang die Konstante in der Wellengleichung nach der **Formel von Laplace** von 1816

$$c = \sqrt{\frac{\kappa \cdot p_0}{\rho_0}}, \tag{29b}$$

(Pierre Simon Laplace, 1749 – 1827), und gilt die Formel von Mersenne in der veränderten, authentischeren Gestalt

$$\nu_1 = \sqrt{\frac{\kappa \cdot p_0}{\rho_0}} \cdot \frac{1}{4l}. \tag{30a}$$

Aus ihr folgt

$$l = \sqrt{\frac{\kappa \cdot p_0}{\rho_0}} \cdot \frac{1}{4\nu_1},$$

in unserem Fall in Zentimetern. Bei Luft gilt $\kappa = 1,4$. Im rein adiabatischen Fall erhöhte sich die Rohrlänge also um den Faktor $\sqrt{\kappa} \approx 1{,}18$ auf etwa 2,82 Meter. Tatsächlich liegt sie aber etwas darunter. Gleichwohl, eine solche Rohrlänge ist sehr unpraktisch. Daher wird das Rohr des Fagotts in der Praxis in U-Form geführt.

Spätestens hier müssen wir daran erinnern, daß sich die Grundlösungen in der Form (20) schreiben lassen, woraus sich mit Hilfe der trigonometrischen Formel

$$\cos\beta \cdot \sin\alpha = \tfrac{1}{2}\{\sin(\alpha - \beta) + \sin(\alpha + \beta)\}$$

die Darstellung

$$u_k(x,t) = \frac{1}{2}A_k\left\{\sin\frac{k\pi}{l}\left(x - ct + c\phi_k\right) + \sin\frac{k\pi}{l}\left(x + ct - c\phi_k\right)\right\}$$

ergibt. Daran erkennt man, daß $u_k(x,t)$ die Summe einer Funktion der Gestalt $U(x,t) = f(x - ct)$ und einer Funktion der Gestalt $V(x,t) = g(x + ct)$ ist. Das heißt, es ist

$$u_k(x,t) = f(x - ct) + g(x + ct).$$

Dabei gilt

$$U(x + ct, t) = f(x) = U(x,0).$$

Der Zustand $U(x,0)$ befindet sich also zur Zeit $t > 0$ an der Stelle $x + ct$. Er breitet sich also mit der Geschwindigkeit

$$\frac{(x + ct) - x}{t} = c$$

aus. Entsprechendes gilt für $V(x,t)$ und die entgegengesetzte Richtung. Das gibt der Formel (29b) von Laplace ihre eigentliche physikalische Bedeutung. Tatsächlich gewinnt man aus ihr für die Schallgeschwindigkeit den recht genau zutreffenden Wert

$$c = 331\, m/sec\,,$$

während sich aus (29a) nur der Wert von 280 m/sec ergeben würde.

Die Formel (30a) kann auch in der Form

$$c = 4l \cdot \nu_1, \tag{30b}$$

geschrieben werden. Da $4l$ im vorliegenden Fall die Wellenlänge von u_1 ist, ist dies der elementare Zusammenhang zwischen Ausbreitungsgeschwindigkeit sowie Wellenlänge und Frequenz.

Schon Archytas bemerkte übrigens, daß die Tonhöhe einer Flöte von der Länge des Rohres abhängt. Er hegte allerdings die, wie wir heute wissen, fehlerhafte Vermutung, daß Höhe und Tiefe der Töne durch eine unterschiedliche Ausbreitungsgeschwindigkeit verursacht werden.

Schließlich noch folgender Hinweis: Wir haben oben Schwingungen der Gestalt

$$u(x,t) = f(x - ct) + g(x + ct)$$

kennengelernt, mit zweimal differenzierbaren Funktionen f und g. Man erkennt nun sehr leicht, daß *jede Funktion dieser Art* eine Lösung der Wellengleichung ist, und man kann sogar zeigen, daß jede Lösung sich in dieser Form darstellen läßt. Darin liegt aber kein großes Geheimnis, und diese Erkenntnis hilft auch kaum etwas, wenn es darum geht, Lösungen zu finden, welche die besonderen Rand- und Anfangswerte erfüllen.

Die offene Pfeife

Die Pfeife vom Typ *II* heißt kurz auch eine offene Pfeife. Stellt man sich vor, daß sie von einem Ende her über ein mit einem Loch oder Spalt versehenes Kopfstück angeblasen und dadurch zu Längsschwingungen angeregt wird, so erweist sie sich als das Modell einer Flöte.

Nun gibt es sehr viele Arten von Flöten, sogar solche, die in ihrer Mitte angeblasen werden. Wir verweisen hierzu auf das Buch von *Meylan*, das viele Abbildungen und Hinweise zur geschichtlichen Entwicklung der Flöte enthält, unter anderem auch verschiedene historische Grifftabellen.

Wir wollen uns unter einer Flöte immer eine Querflöte vorstellen (die Blockflöte ist ihr nahe verwandt). Bei ihr wird über das am Kopfstück befindliche Loch, das sogenannte Blasloch, ein Luftstrom geschickt, der nach einem aerodynamischen Prinzip die darunterliegende Luftsäule des Rohres zu den eigentlichen longitudinalen Schwingungen anregt.

Bei einer offenen Pfeife tritt an beiden Rohrenden ein Schwingungsbauch auf, es sind also zu allen Zeiten die Randbedingungen

$$u_x(0,t) = 0, \quad u_x(l,t) = 0 \qquad \text{(RB/II)}$$

erfüllt, was beim Produktansatz auf die Bedingungen

$$f'(0) = 0, \quad f'(l) = 0$$

führt. Die Differentialgleichung $f''(x) = -\gamma^2 \cdot f(x)$ hat mit diesen Randwerten die Lösungen

$$f(x) = \cos \gamma x$$

mit

$$\gamma = \frac{k\pi}{l}$$

und $k \in \{1, 2, 3, \ldots\}$. Wir erhalten so die Eigenschwingungen

$$v_k(x,t) = A_k \cdot \cos \frac{ck\pi}{l}(t - \phi_k) \cdot \cos \frac{k\pi}{l} x,$$

die sich von den Eigenschwingungen (20) der schwingenden Saite nur in dem ortsabhängigen Faktor $\cos \frac{k\pi}{l} x$ unterscheiden, also nur in der Gestalt, nicht aber in der Frequenz. Die Frequenzen stehen also wieder in den Verhältnissen

$$\mathbf{1 : 2 : 3 : \ldots,}$$

es erscheint wieder die volle harmonische Naturton-Reihe. Außerdem nimmt die Formel von Mersenne statt (30a) bzw. (30b) die Gestalt

$$\nu_1 = \frac{c}{2l} \tag{30c}$$

an mit c wie in (29b), also mit c als der Schallgeschwindigkeit, $c = 331\,m/sec$.

Beispiel: Die Querflöte

Ist c' der tiefste Ton einer Querflöte (alle Grifflöcher sind also gedeckt), so hat dieser in reiner Stimmung nach Tabelle 2 die Frequenz

$$\nu_1 = \frac{3}{5} \cdot 435\,Hz,$$

das heißt es gilt $\nu_1 = 261\,Hz$, und wir erhalten aus (30c) für die Rohrlänge den Wert

$$l = \frac{c}{2\nu_1} = \frac{331}{2 \cdot 261}\,m,$$

das sind ungefähr 63 Zentimeter – in guter Übereinstimmung mit der Wirklichkeit.

Einschränkend ist jedoch folgendes anzumerken. Kein Blasinstrument entspricht vollkommen dem Ideal einer offenen oder geschlossenen Pfeife. Bei der Querflöte zum Beispiel wird der eigentliche Luftstrom des Rohres erst durch den im Kopfstück befindlichen Stimmkork zum Blasloch geleitet, was ihn hemmt. Die Flöte ist also als an diesem Ende *nicht ganz offen* anzusehen. Wäre es anders, so könnte der Stimmkork nicht einmal seinen namensgebenden Zweck erfüllen. Dies bedeutet zwar nicht, daß die Obertöne gerader Ordnung wie bei einer geschlossenen Pfeife ganz entfallen, wohl aber, daß sie ein wenig schwächeln – wie umgekehrt diese Obertöne bei Klarinette, Oboe und Fagott durchaus, wenn auch nur schwach vertreten sind, weil auch diese Instrumente ihrem Ideal einer geschlossenen Pfeife nicht hundertprozentig entsprechen.

Technische Verbesserungen

Die prinzipielle Schwäche einer Flöte in den Obertönen gerader Ordnung betrifft nicht nur den tiefsten Ton selbst, sondern zumindest auch alle Töne der Grundperiode, da man diese als tiefste Töne zu einer verkürzten Rohrlänge deuten kann. Das betrifft unter anderem die Ordnungen zwei und vier, das heißt die ersten beiden Oktaven über dem jeweils gegriffenen Grundton. Man kann also von einer gewissen Oktaven-Schwäche sprechen. Sie machte sich bis in die Barockzeit dadurch unangenehm bemerkbar, daß die Oktave zu einem gegebenem Griff nur mit Mühe durch Überblasen erreicht werden konnte. Das veranlaßte zum Beispiel

Marin Mersenne

nach günstigen neuen Anordnungen für die Grifflöcher und nach geeigneten neuen Griffen zu suchen.

In der Barockzeit konnte das Problem jedoch noch nicht wirklich gelöst werden, so daß die Flöte sich gegenüber den Streichinstrumenten in die Rolle des Aschenputtels verwiesen sah.

Konische Bohrung

Einen ersten bedeutenden Durchbruch brachte erst die **Konische Bohrung**. Sie vergrößert den Querschnitt zum Kopfstück hin ein wenig, öffnet das Rohr hier also stärker und begünstigt dadurch unter anderem die Oktave als jeweiligen Oberton. Will man dies theoretisch erfassen, so muß man das Hooke-sche Gesetz anders ansetzen und die Wellengleichung durch eine partielle Differentialgleichung der Gestalt

$$u_{tt} - c^2(x) \cdot u_{xx} = 0$$

mit einer nichtkonstanten Funktion $c(x)$ ersetzen.

Es wurde aber auch die Griff- und Blastechnik noch einmal wesentlich verbessert. An dieser Entwicklung war besonders

Joh. Joachim Quantz
(1697 – 1773, Oberscheden – Potsdam)

beteiligt. So konnte die Flöte schließlich schon in der Mannheimer Schule zu einem der wichtigsten Orchester- und Soloinstrumente avancieren.

Böhmflöte

Den zweiten Durchbruch verdankt jedenfalls die Querflöte dem Münchener Goldschmied und späteren Flötisten der Bayerischen Hofkapelle

Theobald Böhm
(1794 – 1881, München – München)

der die Grifflöcher und Klappen ohne Rücksicht auf die unmittelbare Greifbarkeit da anordnete, wo sie aus mathematisch-physikalischen Gründen erforderlich sind, was eine komplizierte Mechanik erforderlich macht.

Wolfgang Amadeus Mozart hatte zunächst kein besonders inniges Verhältnis zur Flöte. Er lernte sie erst auf seiner Paris-Reise 1777/79 in Mannheim zu schätzen. Angeblich widerwillig aufgrund eines 200 Gulden-Auftrags des Holländers *Ferdinand Dejean*. Er könne das Instrument einfach "nicht leiden", schrieb er seinem Vater. Doch mag man ihm das kaum glauben angesichts der beiden bezaubernden Flötenkonzerte und des ebenso bezaubernden Konzerts für Flöte und Harfe, die in kurzer Zeitfolge 1777 und 1778 entstanden. Die Meisterschaft, mit welcher Mozart die neuen spezifischen Möglichkeiten des Instruments ins Spiel bringt, ist der autorisierteste Beweis dafür, daß die Flöte sich inzwischen zu einem der vorzüglichsten Musikinstrumente entwickelt hat. Und daß Mozart sie nicht leiden konnte, glaubt man ihm schon gar nicht, wenn man bedenkt, welch hohe Bedeutung er ihr später noch in seiner

Zauberflöte

verlieh, die zwei Monate vor seinem Tode in Wien erstmalig aufgeführt wurde.

Es wäre noch vieles zu den anderen Blasinstrumenten und zu den Orgelpfeifen zu sagen. Wir haben gezeigt, daß ihre Töne stets der Wellengleichung genügen, wobei ihre Vielfalt aber erst durch ihre Besonderheiten und die Art des Gebrauchs durch den Künstler bestimmt wird.

Inhomogene Wellengleichung

Der Vollständigkeit halber haben wir noch nachzutragen, daß die Wellengleichung in der von uns betrachteten Form nur gilt, wenn auf die Schwingung weder von innen noch von außen irgendwelche Kräfte einwirken. Vernachlässigt werden kann dabei, wie wir im Falle der schwingenden Saite erläutert haben, die Schwerkraft. Für die der jeweiligen Geschwindigkeit u_t entgegengesetzten Reibungskräfte gilt das aber eigentlich schon nicht mehr. Sie führen zu einem Energieverlust, der von außen ausgeglichen werden muß, bei einem Saiteninstrument etwa durch das Streichen, bei einer Flöte durch das Blasen. Im mathematischen Modell kann man diese Tatsache dadurch berücksichtigen, daß man statt der von uns betrachteten **homogenen** Wellengleichung die **inhomogene** partielle Differentialgleichung

$$u_{tt} - c^2 u_{xx} = f$$

betrachtet. Hier ist f eine Funktion des Ortes und der Zeit (eventuell auch noch der Geschwindigkeit am jeweiligen Ort). Es würde den Rahmen sprengen, wollten wir auf diese Fragen eingehen. Stattdessen begnügen wir uns mit der Bemerkung, daß jede Lösung der inhomogenen Wellengleichung sich additiv zusammensetzt aus einer ihrer speziellen Lösungen und der allgemeinen Lösung der homogenen Wellengleichung (mit $f = 0$), so daß die Lösungen der homogenen Gleichung, die wir bereits untersucht haben, in ihrem qualitativen Verhalten den Ausschlag geben.

Das Ideal und die Mensur

Jede reale Pfeife hat eine gewisse Breite und somit eine positive **Mensur**. Darunter versteht man das Verhältnis $M > 0$ der Breite zur Länge. Die 2d-Wellengleichung wurde von uns jedoch nur für den (sehr) dünnen Stab und entsprechende Luftsäulen hergeleitet, gilt also eigentlich nur für ideale Pfeifen mit der Mensur $M = 0$, also im Grenzfall. Bei positiver Mensur treten indes komplexere räumliche Schwingungen auf, denen durch die Rohrwand zusätzliche Randbedingungen auferlegt sind. Insofern hat die Mensur Einfluß auf die Frequenzen und die Klangfarbe, und ist das Auftreten der harmonischen Oberton-Reihe nur im Idealfall $M = 0$ gesichert.

Literaturhinweis

Über die Physik der Blasinstrumente wie auch anderer Musikinstrumente erfährt man mehr in dem zwar alten, aber immer noch gut lesbaren und vor allem der Musik sehr zugewandten Lehrbuch der Physik von *Grimsehl und Tomaschek*.

Die schwingende Membran

Die von uns bisher betrachteten Schwingungen konnten so betrachtet werden, als fänden sie in einer Ebene statt. Das gilt sowohl für die Schwingungen einer Saite als auch für die Schwingungen einer Luftsäule und gestattete uns eine einheitliche Betrachtungsweise der Saiten- und der Flöteninstrumente. Ganz anders liegen die Verhältnisse naturgemäß bei den Trommeln, Pauken, Becken und ähnlichen Instrumenten, wo flächenförmige Schallerreger im dreidimensionalen Raum eine Rolle spielen. Als besonders interessantes Beispiel behandeln wir die Pauke. Unsere Ergebnisse lassen sich zum großen Teil auch auf andere Instrumente übertragen.

Die Pauke
oder:
Das Lieblingsinstrument von Joseph Haydn

Die (Kessel-) Pauke ist sowohl in mathematischer als auch in musikalischer Hinsicht ein besonders interessantes Instrument. Sie besteht aus einem steifen **Kessel**, über den eine Tierhaut gezogen ist, das sogenannte **Fell**. Mittels einer mechanischen Vorrichtung kann das Fell gespannt und damit auf einen gewünschten (Grund-) Ton gestimmt werden. Der Ton wird durch die Paukenschläge, das heißt durch Schläge mit Klöppeln verschiedener Beschaffenheit, wie Holz, Leder, Gummi, Schwamm und anderes, erregt. Wie im Falle der schwingenden Saite wird der Grundton von Obertönen begleitet, und die Zusammensetzung "des Tones" aus Grund- und Obertönen entscheidet wieder über die Klangfarbe. Wir wollen aber gleich anmerken, daß sich die Obertöne einer Kesselpauke von denen einer schwingenden Saite oder einer Flöte fundamental unterscheiden. Das hat einen mathematischen Grund, dem wir nachgehen wollen.

Aus mathematischer Sicht ist das Fell in der Ruhelage eine sehr dünne Kreisscheibe im dreidimensionalen Raum, die wir die **Membran** nennen. In einem cartesischen (x, y, z)-Koodinaten-System werde sie durch die Punkte mit

$$x^2 + y^2 \leq a^2 \quad und \quad z = 0$$

beschrieben. Durch die jeweiligen Paukenschläge wird die Membran verformt. Sie verläßt also die Ruhelage und nimmt zum Zeitpunkt t [in sec] die Form einer über der Kreisscheibe liegenden Fläche an. Die Situation wird durch Abbildung 11 verdeutlicht.

Abbildung 11 (Kesselpauke)

Wird die Abweichung von der Ruhelage durch die Funktion $u(x, y, t)$ beschrieben, so hat die Fläche die Parameterdarstellung

$$z = u(x, y, t), \quad x^2 + y^2 \leq a^2.$$

Am Rande, wo die Membran fest eingespannt ist, nimmt u natürlich "triviale" Randwerte an, das heißt es gilt

$$u(x, y, t) = 0 \text{ für } x^2 + y^2 = a^2. \tag{RW}$$

Wie bei der schwingenden Saite spielen auch noch die Anfangswerte, das heißt Ort und Geschwindigkeit zum Zeitpunkt $t = 0$, eine Rolle. Sie werden beschrieben durch die Funktionswerte

$$\begin{aligned} u(x, y, 0) &= A(x, y) \\ u_t(x, y, 0) &= B(x, y) \end{aligned} \quad \text{mit } x^2 + y^2 < a^2. \tag{AW}$$

Es ist die Aufgabe des Mathematikers, unter Berücksichtigung der Randwerte und der Anfangswerte die Verformung der Membran in der Zukunft zu berechnen, also den Verlauf von $u(x, y, t)$ für alle $t > 0$ zu bestimmen.

Das ist möglich, weil u wieder die Wellengleichung erfüllt. Das ist jetzt aber die partielle Differentialgleichung:

$$\boxed{\begin{array}{c} \textbf{Wellengleichung (3d)} \\ u_{tt} - c^2(u_{xx} + u_{yy}) = 0 \end{array}} \qquad \text{(DGL)}$$

Hier ist

$$c := \sqrt{\tfrac{\sigma}{\rho}}$$

zu setzen, mit folgenden Bedeutungen:

ρ ist die Dichte des Fell-Materials [in g/cm^3],

σ ist die Spannung im Fell [in N/cm^2].

Dabei haben wir stillschweigend vorausgesetzt, daß die Spannung in allen Punkten und in allen Richtungen des Fells gleich groß ist. Diese Annahme ist im Falle einer Haut, in der (wie bei einem Luftballon) keine wesentlichen Scher- oder Torsionskräfte auftreten, realistisch.

Uns interessieren natürlich nur diejenigen Lösungen $u(x, y, t)$ der Differentialgleichung (DGL), welche die Randwerte (RW) haben. Wir nennen sie **Schwingungen**. Die Kombination von (DGL) und (RW) heißt **Randwert-Aufgabe**. Die Schwingungen sind also gerade die Lösungen der Randwert-Aufgabe.

Wie bei der schwingenden Saite kann man versuchen, die Lösung der zugehörigen Anfangswert-Aufgabe durch Überlagerung singulärer Lösungen der Randwert-Aufgabe, also singulärer Schwingungen zu gewinnen. Solche singuläre Schwingungen, die wieder je eine wohldefinierte Frequenz haben und die wir daher wieder mit Tönen bzw. Obertönen identifizieren können, bestimmen wir im Folgenden, ohne zunächst die Wellengleichung selbst weiter zu begründen. (Eine Begründung geben wir anschließend. Wer will, kann sie einfach überspringen.)

Lösung der Wellengleichung durch Produktansatz

Erklären wir den Radius der Membran zur Längeneinheit, so ist $a = 1$ – was die Darstellung etwas vereinfacht. Wir suchen nun zunächst einzelne Lösungen der Wellengleichung. Wenn sie die Randwerte

$$u(x, y, t) = 0 \quad \text{für} \quad x^2 + y^2 = 1 \qquad \text{(RW)}$$

erfüllen, sind es Schwingungen.

Natürlich ist die Funktion $u(x, y, t) = 0$ stets eine "Schwingung". Sie beschreibt die Ruhelage, ist aber sonst nicht gerade besonders interessant. Wir nennen sie die "triviale" Schwingung, und schließen sie im weiteren von unseren Betrachtungen aus.

Wir suchen also nichttriviale Schwingungen $u(x, y, t)$, und machen für sie den Ansatz

$$u(x, y, t) = v(x, y) \cdot g(t). \qquad (31)$$

Der erste Faktor sei also eine Funktion nur des Ortes, der zweite eine Funktion nur der Zeit. Man nennt dies die Methode der Trennung der Veränderlichen.

Offenbar erfüllt $u(x, y, t)$ genau dann die Wellengleichung, wenn für alle x und y mit $x^2 + y^2 \leq 1$ und alle t die Gleichung

$$v(x, y) \cdot g''(t) - c^2 \cdot \left\{ v_{xx}(x, y) + v_{yy}(x, y) \right\} \cdot g(t) = 0$$

gilt. Für $u(x, y, t) \neq 0$ ist diese Gleichung äquivalent zu

$$\frac{1}{c^2} \cdot \frac{g''(t)}{g(t)} = \frac{v_{xx}(x, y) + v_{yy}(x, y)}{v(x, y)}.$$

Da hier die rechte Seite nicht von t abhängt, muß die linke Seite eine Konstante sein. Dann ist aber auch die rechte Seite eine Konstante. Und damit die linke Seite von einer periodischen Funktion $g(t)$ gelöst wird, müssen wir die gemeinsame Konstante als nichtpositive Zahl voraussetzen. Sie habe also die Gestalt $-\gamma^2$, wobei wir ohne Beschränkung der Allgemeinheit $\gamma \geq 0$ voraussetzen dürfen.

Unser Ansatz führt somit zu einer Lösung der Wellengleichung, wenn $v(x,y)$ und $g(t)$ die beiden Differentialgleichungen

$$v_{xx}(x,y) + v_{yy}(x,y) \;=\; -\gamma^2 \cdot v(x,y), \qquad (32)$$

$$g''(t) = -c^2\gamma^2 \cdot g(t) \qquad (33)$$

erfüllen. Wir nennen (32) die **Ortsgleichung** und (33) die **Zeitgleichung**. Damit $u(x,y,t)$ aber auch die geforderten Randwerte (RW) annimmt, muß $v(x,y)$ zusätzlich der Bedingung

$$v(x,y) = 0 \quad \text{für alle } x,y \text{ mit} \quad x^2 + y^2 = 1 \quad \text{(RW')}$$

genügen. Wir lösen (32) und (33) in den folgenden beiden Schritten.

Lösung der Zeitgleichung

Die Differentialgleichung (33) hat die allgemeine Lösung

$$g(t) = a \cdot \cos c\gamma t + b \cdot \sin c\gamma t, \qquad (34)$$

welche durch eine einfache trigonometrische Umformung wieder auf die Gestalt

$$g(t) = A \cdot \cos c\gamma(t - \tau) \qquad (35)$$

gebracht werden kann, mit einer **Amplitude**

$$A = \sqrt{a^2 + b^2} \geq 0$$

und einer **Phase** τ. Insbesondere sind

$$g(t) = \cos c\gamma t \quad \text{und} \quad g(t) = \sin c\gamma t$$

Lösungen. Alle diese Funktionen $g(t)$ haben die Zeit-Periode $\frac{2\pi}{c\gamma}$, d.h. es gilt zu jeder Zeit $g(t + \frac{2\pi}{c\gamma}) = g(t)$. Folglich hat $g(t)$ stets die **Frequenz**

$$\nu = \frac{c\gamma}{2\pi}. \qquad (36)$$

Lösung der Ortsgleichung

Die (partielle) Differentialgleichung (32) enthält den Parameter $-\gamma^2$. Von seiner Wahl wird es abhängen, ob es eine Lösung von (32) gibt, welche auch die Randwerte (RW') erfüllt. Gegebenfalls nennen wir ihn einen **Eigenwert** der aus der Wellengleichung und den Randbedingungen bestehenden **Randwert-Aufgabe**, und jede zugehörige Schwingung (31) heißt eine **Eigenschwingung** der Membran. Auch sie hat eine Frequenz, nämlich die Frequenz von $g(t)$.

Wir lösen die partielle Differentialgleichung (32) unter zusätzlichen Voraussetzungen hinsichtlich der Gestalt von $v(x,y)$. Zunächst betrachten wir nur konzentrische Schwingungen. Anschließend machen wir einen allgemeineren Ansatz. In beiden Fällen werden wir auf die

> **Besselsche Differentialgleichung**

geführt, auf die wir vorab eingehen.

Bessel-Funktionen

Als Besselsche Differentialgleichung bezeichnet man die Differentialgleichung

$$x^2 z'' + xz' + (x^2 - \alpha^2)z = 0. \tag{37}$$

Hier ist α irgendeine reelle Zahl, der sogenannte **Index**. Gesucht werden Funktionen $z = z(x)$, welche die Differentialgleichung möglichst für alle x, jedenfalls aber für $x \neq 0$ erfüllen.

Die allgemeine Theorie der gewöhnlichen Differentialgleichungen besagt, daß wir zwei wesentlich verschiedene Lösungen zu erwarten haben, während alle übrigen sich aus diesen beiden linear kombinieren lassen. Wir werden es mit dem Fall zutun haben, in dem α Null oder eine natürliche Zahl ist. Entsprechend behandeln wir nur diesen Fall, das heißt wir setzen von vornherein

$$\alpha \in \{0, 1, 2, \ldots\}$$

voraus.

Um die Differentialgleichung (37) zu lösen, machen wir den modifizierten Potenzreihen-Ansatz

$$z(x) = x^\alpha \sum_{j=0}^{\infty} c_j x^j$$

mit zunächst unbekannten Koeffizienten c_j. Für sie ergibt sich bei Einsetzen von $z(x)$ in die Differentialgleichung eine Rekursionsgleichung, aus der sich bei der Wahl von

$$c_0 := \frac{1}{\alpha! 2^\alpha} \quad \text{und} \quad c_1 := 0$$

die Lösung $z = J_\alpha$ mit

$$J_\alpha(x) = \sum_{k=0}^{\infty} (-1)^k \frac{1}{k!(k+\alpha)!} \left(\frac{x}{2}\right)^{\alpha+2k} \tag{38}$$

ergibt. Die unendliche Reihe konvergiert überall, und stellt eine überall beliebig oft stetig differenzierbare Funktion, also eine sogenannte **ganze Funktion** dar.

> J_α heißt **Bessel-Funktion**
> **1. Art zum Index** α

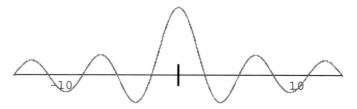

Abbildung 12a (Bessel-Funktion $J_0(x)$)
(6 - fach überhöht)

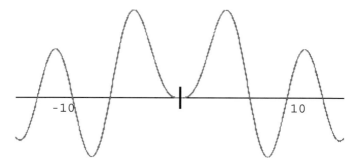

Abbildung 12b (Bessel-Funktion $J_\alpha(x)$)
(Hier: $\alpha = 3$, stark überhöht.)

Abbildung 12a gibt den Verlauf von $J_0(x)$ wieder, Abbildung 12b den von $J_\alpha(x)$ für ein $\alpha \geq 1$ (überhöht mit dem Faktor $\alpha! 2^\alpha$). Qualitativ unterscheiden sich die beiden Fälle dadurch, daß J_0 bei $x = 0$ den Wert 1 annimmt, während alle übrigen J_α hier eine Nullstelle haben.

Wie wir den Abbildungen 12a und 12b entnehmen, besitzen die Bessel-Funktionen J_α eine Reihe positiver Nullstellen

$$0 < j_{\alpha,1} < j_{\alpha,2} < j_{\alpha,3} < \cdots .$$

Man kann beweisen, daß es tatsächlich unendlich viele sind und daß $j_{\alpha,k}$ für $k \to \infty$ gegen ∞ strebt. Tabelle 10 gibt einige von ihnen wieder.

k	$j_{0,k}$	$j_{1,k}$	$j_{2,k}$	$j_{3,k}$	$j_{4,k}$
1	2.4048	3.8317	5.1356	6.3802	7.5883
2	5.5201	7.0156	8.4172	9.7610	11.065
3	8.6537	10.173	11.620	13.015	14.373
4	11.792	13.324	14.796	16.223	17.616
5	14.931	16.471	17.960	19.409	20.827
.	...	...	...	...	...
.	...	...	...	...	...
.	...	...	...	...	...

Tabelle 10

(Nullstellen der Bessel-Funktionen, gerundet)

Neben $J_\alpha(x)$ hat die Besselsche Differentialgleichung noch eine zweite, von $J_\alpha(x)$ "linear unabhängige" Lösung $Y_\alpha(x)$, die sogenannte Bessel-Funktion 2. Art. Sie verhält sich bei $x = 0$ "singulär" und wird daher in unserem Kontext nicht auftreten. Wir merken uns:

Jede sich bei $x = 0$ regulär verhaltende

Lösung der Besselschen Differentialgleichung

hat mit einer Konstanten c die Gestalt $c \cdot J_\alpha$

Es ist oft sinnvoll, neben J_α die **normierte Bessel-Funktion Z_α** zu betrachten, welche durch

$$Z_\alpha(x) := \sum_{k=0}^{\infty} (-1)^k \frac{\alpha!}{k!(k+\alpha)!} \left(\frac{x}{2}\right)^{2k} \tag{39}$$

definiert ist. Ihr Funktionsverlauf entspricht qualitativ dem von J_0 (siehe Abbildung 12a). Ihre Ableitung hat die besonders einfache Darstellung

$$Z'_\alpha(x) = -\frac{x}{2\alpha + 2} Z_{\alpha+1}(x). \tag{40}$$

Offenbar gilt

$$J_\alpha(x) = const \cdot x^\alpha \cdot Z_\alpha(x) \tag{41}$$

mit der Konstanten

$$const = \frac{1}{\alpha! \, 2^\alpha}.$$

Daher hat Z_α dieselben von Null verschiedenen Nullstellen wie J_α. Es hat aber zusätzlich die Eigenschaften

$$Z_\alpha(0) = 1,$$

$$|Z_\alpha(x)| < 1 \quad \text{für} \quad x \neq 0. \tag{42}$$

Wichtig ist auch, daß $z := Z_\alpha$ die etwas einfachere Differentialgleichung

$$xz'' + (2\alpha + 1)z' + xz = 0 \tag{43}$$

erfüllt. Sie ist der Schlüssel für viele Eigenschaften dieser Funktion. Um die wichtigsten formulieren zu können, benötigen wir die folgende Definition.

Orthogonalsystem aus Bessel-Funktionen

Bei fest vorgegebenem $\alpha \in \mathbb{N}_0$ führen wir für beliebige stetige Funktionen f und g auf dem Intervall $0 \leq x \leq 1$ das Symbol

$$\langle f, g \rangle := \int_0^1 f(x)g(x)x^{2\alpha+1} dx$$

ein. Die Mathematiker sagen dazu wegen seiner grundlegenden Eigenschaften, die wir hier nicht alle aufführen, es sei ein **inneres Produkt**. Zum Beispiel gilt

$$\langle f, g \rangle = \langle g, f \rangle.$$

Zusätzlich führen wir durch die Definition

$$||f|| := \sqrt{\langle f, f \rangle},$$

die **Norm** von f als ein Maß für die "Größe" von f ein. Offensichtlich gilt stets $||f|| \geq 0$. Die beiden folgenden Aussagen bedürfen allerdings eines Beweises, den wir schuldig bleiben:

  (a) Aus $||f|| = 0$ folgt $f(x) = 0$ für alle x.
  (b) Es gilt $|\langle f, g \rangle| \leq ||f|| \cdot ||g||$.

Von besonderem Interesse ist der Fall $\langle f, g \rangle = 0$. Wir sagen dann, f und g seien **orthogonal**.

Nach diesem begrifflichen Abstecher bilden wir, weiterhin bei festem $\alpha \in \mathbb{N}_0$, mit $z := Z_\alpha$ und den Bessel-Nullstellen

$$j_k := j_{\alpha,k}$$

die Funktionen z_k mit

$$z_k(x) := z(j_k x)$$

für $k \in \mathbb{N}$. Wie $z(x)$ selber sind alle diese Funktionen **gerade Funktionen**, das heißt es gilt $z(-x) = z(x)$ und $z_k(-x) = z_k(x)$. Wir brauchen sie also eigentlich nur auf dem Intervall $0 \leq x \leq 1$ zu betrachten. Insbesondere gilt

$$z_k(-1) = z_k(1) = 0.$$

Ihre Ableitungen sind dagegen **ungerade Funktionen**, das heißt es gilt

$$z'(-x) = -z'(x) \quad \text{und} \quad z'_k(-x) = -z'_k(x).$$

Eine ihrer wichtigsten Eigenschaften beschreibt das folgende Lemma:

Lemma *(Orthogonalität der Funktionen z_k).*

Bei festem $\alpha \in \mathbb{N}_0$ gilt für beliebige $k, l \in \mathbb{N}$ mit $k \neq l$

$$\langle z_k, z_l \rangle = \int_0^1 z_k(x) z_l(x)\, x^{2\alpha+1}\, dx = 0.$$

Beweis. Ersetzt man x in (43) durch $j_k x$, so erhält man

$$j_k x z''(j_k x) + (2\alpha + 1) z'(j_k x) + j_k x z(j_k x) = 0.$$

Nun ist aber $z_k'(x) = j_k \cdot z'(j_k x)$, $z_k''(x) = j_k^2 \cdot z''(j_k x)$,... Multiplizieren wir also die Gleichung durch mit dem Faktor $x^{2\alpha} \cdot j_k$, so erhalten wir

$$x^{2\alpha+1} z_k''(x) + (2\alpha + 1) x^{2\alpha} z_k'(x) + j_k^2 x^{2\alpha+1} z_k(x) = 0,$$

was wir auch in der eleganteren Form

$$\left(x^{2\alpha+1} z_k'(x) \right)' + j_k^2 x^{2\alpha+1} z_k(x) = 0 \qquad (44)$$

schreiben können – was den Nutzen der Normierung der Bessel-Funktionen besonders unterstreicht. Mithilfe partieller Integration, bei der der ausintegrierte Bestandteil wegen $z_l(1) = 0$ verschwindet, ergibt sich damit

$$j_k^2 \int_0^1 z_k(x) z_l(x) x^{2\alpha+1} dx = -\int_0^1 \left(x^{2\alpha+1} z_k'(x) \right)' z_l(x) dx$$

$$= \int_0^1 \left(x^{2\alpha+1} z_k'(x) \right) z_l'(x) dx,$$

oder

$$j_k^2 \langle z_k, z_l \rangle = \langle z_k', z_l' \rangle.$$

Eine entsprechende Gleichung gilt natürlich mit l statt k. Wir schreiben sie aber in der Form

$$j_l^2 \langle z_k, z_l \rangle = \langle z_k', z_l' \rangle.$$

Bilden wir die Differenz, so erhalten wir

$$\left(j_k^2 - j_l^2 \right) \langle z_k, z_l \rangle = 0.$$

Für $k \neq l$ ist der erste Faktor von Null verschieden, also gilt $\langle z_k, z_l \rangle = 0$, was zu beweisen war.

Als einfache Folgerung ergibt sich aus dem Lemma wegen (41) der folgende Satz.

Satz *(Orthogonalität der Bessel-Funktionen) .*
Bei festem $\alpha \in \mathbb{N}_0$ gilt für beliebige $k, l \in \mathbb{N}$ mit $k \neq l$ und mit $j_k := j_{\alpha.k}$

$$\int\limits_0^1 J_\alpha(j_k x) J_\alpha(j_l x) \, x \, dx = 0.$$

Wir bleiben bei den z_k, führen aber zusätzlich die normierten Funktionen

$$z_k^*(x) := z_k(x)/\|z_k\|$$

ein. Es gilt dann

$$\langle z_k^*, z_l^* \rangle = \begin{cases} 1, & \text{falls} \quad k = l, \\ 0, & \text{falls} \quad k \neq l. \end{cases}$$

Wir sagen, das System der z_k^* sei **orthonormiert** oder auch, ein **Orthonormalsystem**. Die Normen der ersten z_k sind in Abhängigkeit von α in der Tabelle 11 aufgeführt.

$k\backslash\alpha$	0	1	2	3	4
1	0.3671	0,1487	0.0729	0.0390	0.0220
2	0.2406	0.0605	0.0217	0.0091	0.0042
3	0.1919	0.0347	0.0097	0.0034	0.0013
4	0.1644	0.0232	0.0053	0.0016	0.0005
5	0.1461	0.0169	0.0033	0.0008	0.0003

Tabelle 11 ($\|z_k\|$, jeweils für festes α, gerundet)

Ein ähnliches Orthonormalsystem kann man aus den trigonometrischen
Grundfunktionen gewinnen (mit einer anderen Definition des inneren
Produkts), was zur Betrachtung der trigonometrischen Fourier-Reihen
den Anlaß gibt. Entsprechend fragen wir jetzt, ob eine gegebene stetige
Funktion auf dem Intervall $0 \leq x \leq 1$ sich in der Form

$$f(x) = \sum_{k=1}^{\infty} a_k^* z_k^*(x) \tag{45}$$

als gleichmäßig konvergente Reihe darstellen läßt. Ist dies der Fall, so
kann man die Gleichung mit jedem z_l^* durchmultiplizieren und gliedweise
integrieren, und man erhält

$$\langle f, z_l^* \rangle = a_l^* \langle z_l^*, z_l^* \rangle = a_l^*.$$

Mit k statt l gilt also

$$a_k^* = \langle f, z_k^* \rangle.$$

Man nennt diese Zahlen die **Fourier-Koeffizienten** der Funktion f
bezüglich unseres Orthonormalsystems. Sie können immer berechnet werden, auch dann, wenn die mit ihnen gebildete **Fourier-Reihe** nicht konvergiert.

Konvergiert die Fourier-Reihe von f jedoch gegen f, so übernimmt $f(x)$ von den $z_k(x)$ mehrere Eigenschaften. Zum Beispiel ist $f(1) = 0$. Zudem wird $f(x)$ durch die Reihe auch für $-1 \leq x < 0$ definiert, und ist danach, wie jede der Funktionen z_k, eine **gerade Funktion**, das heißt, es gilt wieder $f(-x) = f(x)$. Dies schränkt die Klasse der entwickelbaren Funktionen sehr stark ein. Wir zeigen im folgenden, wie man sich von dieser Einschränkung weitgehend befreien kann, auch wenn wir davon in unserem musikalischen Kontext keinen Gebrauch machen werden. Der Musikfreund sehe uns das nach – oder überspringe den Rest dieses Abschnitts.

Zunächst erweitern wir die Definition des inneren Produktes so, daß sie auf alle Funktionen f und g anwendbar ist, welche auf dem größeren Intervall $-1 \leq x \leq 1$ erklärt und stetig sind. Und zwar setzen wir

$$\langle f, g \rangle := \frac{1}{2} \int\limits_{-1}^{1} f(x)g(x)|x|^{2\alpha+1}dx.$$

Sind f und g gerade, oder beide ungerade, so stimmt die Definition mit der vorangegangenen überein. Insbesondere sind die z_k^* auch im neuen Sinne ein Orthonormalsystem.

Wir können dies jedoch erweitern. Dazu setzen wir, wieder für $k \in \mathbb{N}$,

$$\begin{aligned} \bar{j}_k &:= j_{\alpha+1,k}, \\ \bar{z}_k(x) &:= z'(\bar{j}_k x). \end{aligned}$$

Wegen (40) gilt dann, ausführlich geschrieben,

$$\bar{z}_k(x) = -j_{\alpha+1,k} \cdot \frac{x}{2\alpha + 2} Z_{\alpha+1}(j_{\alpha+1,k}x).$$

Insbesondere erhalten wir

$$\bar{z}_k(-1) = -\bar{z}_k(1) = 0.$$

Da $\bar{z}_k$ und $\bar{z}_l$ ungerade Funktionen sind, gilt für $k \neq l$

$$
\begin{aligned}
\langle \bar{z}_k, \bar{z}_l \rangle &= \int_0^1 \bar{z}_k(x)\bar{z}_l(x)\, x^{2\alpha+1}\, dx \\
&= \left(\frac{j_{\alpha+1,k}}{2\alpha+2} \right)^2 \int_0^1 Z_{\alpha+1}(\bar{j}_k x) Z_{\alpha+1}(\bar{j}_l x)\, x^{2\alpha+3}\, dx \\
&= 0 \,,
\end{aligned}
$$

wobei wir zuletzt unser Lemma auf $Z_{\alpha+1}$ statt Z_α angewendet haben.

Das System der z_k und das der $\bar{z}_k$ sind also je Orthogonalsysteme. Zusätzlich gilt aber für beliebige k und l

$$
\begin{aligned}
\langle z_k, \bar{z}_l \rangle &= \frac{1}{2} \int_{-1}^1 z_k(x)\bar{z}_l(x)|x|^{2\alpha+1} dx \\
&= 0 \,,
\end{aligned}
$$

da der Integrand jetzt eine ungerade Funktion ist.

Setzen wir also das System $E = \{z_1, \bar{z}_1, z_2, \bar{z}_2, \ldots\}$ zusammen aus allen unseren Funktionen z_k und $\bar{z}_k$, so ist E ein Orthogonalsystem, das sowohl gerade wie auch ungerade Funktionen enthält, und normieren wir sie noch, so erhalten wir das Orthonormalsystem

$$
E^* = \{z_1^*, \bar{z}_1^*, z_2^*, \bar{z}_2^*, \ldots\},
$$

das für beliebige stetige Funktionen F auf dem Intervall $-1 \leq x \leq 1$ einen sinnvollen Fourier-Reihen-Ansatz

$$
F(x) = \sum_{k=1}^\infty \left[a_k^* z_k^*(x) + b_k^* \bar{z}_k^*(x) \right]
$$

mit den Fourier-Koeffizienten

$$a_k^* = \langle F, z_k^* \rangle \quad \text{und} \quad b_k^* = \langle F, \bar{z}_k^* \rangle$$

zuläßt. Da die Fourier-Reihe bei $x = 1$ und $x = -1$ jedoch verschwindet, muß $F(1) = 0$ und $F(-1) = 0$ vorausgesetzt werden.

Zur Konvergenz der Fourier-Reihe

Orthogonalsysteme, oder besser noch: Orthonormalsysteme, sind in einem gewissen Sinn Koordinatensysteme für Funktionen. Die Koordinaten sind die Fourier-Koeffizienten. Kennt man sie alle, so sollte man auch die Funktion kennen. Das ist indes nur möglich, wenn das Koordinatensystem bzw. das Orthonormalsystem **vollständig** ist oder zusätzliche Informationen über die Funktion vorliegen. Zum Beispiel über ihre Differenzierbarkeits-Eigenschaften. Die Wahl des Orthonormalsystems spielt dabei eine zusätzliche Rolle. Wir werden später den gerade musikalisch interessanten Fall betrachten, daß ein Orthonormalsystem die Obertöne repräsentiert, so daß die Fourier-Koeffizienten Aufschluß geben über die Zusammensetzung eines "Tones", das heißt über seine "Klangfarbe" – wie ja auch das Licht zerlegt werden kann in seine Farb-Bestandteile. Im Prinzip kennen wir diese Fragestellung ja schon von der schwingenden Saite her. Dort bestand das Orthogonalsystem aus den bekannten trigonometrischen Grundfunktionen.

Mathematisch gesehen läuft alles auf die Frage hinaus, ob die Fourier-Reihe einer Funktion gegen diese **konvergiert**. Dabei wird die Sache schon wieder noch mathematischer, weil zu erklären ist, was Konvergenz bedeutet. Wir diskutieren im folgenden zwei Möglichkeiten: Die **Konvergenz im Sinne der Norm** $|| \cdot ||$, die mathematisch besonders elegant, physikalisch aber nicht so aussagekräftig ist wie die anschließend behandelte **gleichmäßige Konvergenz** (fakultativ).

In beiden Fällen setzen wir voraus, daß die zu untersuchende Funktion $F(x)$ auf dem Intervall $-1 \leq x \leq 1$ stetig ist, und daß $F(-1) = F(1) = 0$

gilt. Es ist offensichtlich, daß

$$F(x) = f(x) + \bar{f}(x)$$

gilt, wenn

$$f(x) := \frac{1}{2}\big[F(x) + F(-x)\big]$$

und

$$\bar{f}(x) := \frac{1}{2}\big[F(x) - F(-x)\big]$$

gesetzt wird. Es handelt sich dabei um die additive Zerlegung von $F(x)$ in seinen **geraden** Bestandteil $f(x)$ und seinen **ungeraden** Bestandteil $\bar{f}(x)$, deren Fourier-Koeffizienten getrennt untersucht werden können. Dabei gilt aus Symmetriegründen stets

$$\langle f, \bar{z}_k^* \rangle = 0 \quad \text{und} \quad \langle \bar{f}, z_k^* \rangle = 0.$$

Wir brauchen uns also nur noch um die Konvergenz der Fourier-Reihen

$$f(x) = \sum_{k=1}^{\infty} a_k^* z_k^*(x) \quad \text{mit} \quad a_k^* = \langle f, z_k^* \rangle$$

und

$$\bar{f}(x) = \sum_{k=1}^{\infty} b_k^* \bar{z}_k^*(x) \quad \text{mit} \quad b_k^* = \langle \bar{f}, \bar{z}_k^* \rangle$$

zu kümmern. Exemplarisch untersuchen wir sie nur für den geraden Bestandteil $f(x)$, so daß wir unmittelbar an unsere vorangehenden Untersuchungen anknüpfen können.

Konvergenz im Sinne der Norm $\| \cdot \|$

Für zunächst beliebige Koeffizienten a_1, a_2, ... bilden wir für $n = 1, 2, \ldots$ die Teilsummen

$$s_n(x) := \sum_{k=1}^{n} a_k z_k^*(x)$$

und betrachten die Funktion

$$0 \le F(a_1, ..., a_n) := ||f - s_n||^2 = ||f||^2 - 2\sum_{k=1}^{n} a_k \langle f, z_k^* \rangle + \sum_{k=1}^{n} a_k^2.$$

Verlangen wir, daß $||f - s_n||$ zum Minimum wird, so haben wir die partiellen Ableitungen von $F(a_1, ..., a_n)$ auf Null zu setzen. Man rechnet leicht nach, daß sich hieraus

$$a_k = \langle f, z_k^* \rangle = a_k^*$$

ergibt. Das heißt, genau die n-te Teilsumme

$$s_n^*(x) := \sum_{k=1}^{n} a_k^* z_k^*(x)$$

der Fourier-Reihe liefert das Minimum, also die **beste Approximation** an f im Sinne der Norm. Dabei gilt

$$0 \le ||f - s_n^*||^2 = ||f||^2 - \sum_{k=1}^{n} a_k^{*2},$$

woraus die Ungleichung

$$\sum_{k=1}^{n} a_k^{*2} \le ||f||^2$$

folgt. Sie gilt für beliebige $n \in \mathbb{N}$. Daraus folgt die außerordentlich wichtige

BESSELSCHE UNGLEICHUNG

$$\sum_{k=1}^{\infty} a_k^{*2} \le ||f||^2.$$

In ihr gilt das Gleichheitszeichen genau dann, wenn

$$\lim_{n \to \infty} ||f - s_n|| = 0$$

gilt. Dafür schreiben wir

$$f(x) = \lim_{n \to \infty} s_n(x),$$

oder auch

$$f(x) = \sum_{k=1}^{\infty} a_k^* z_k^*(x)$$

(im Sinne der Norm $|| \cdot ||$)

und sagen, die Fourier-Reihe konvergiert gegen f im Sinne der Norm.

Im Falle einer beliebigen stetigen Funktion F auf dem Intervall $-1 \leq x \leq 1$ hat die Besselsche Ungleichung die Form

$$\sum_{k=1}^{\infty} \left[a_k^{*\,2} + b_k^{*\,2} \right] \leq ||F||^2.$$

Das Gleichheitszeichen tritt wieder genau dann auf, wenn die Fourier-Reihe im Sinne der Norm gegen F konvergiert.

Gleichmäßige Konvergenz (Fakultativ)

Die Fourier-Reihe des geraden Bestandteils f kann auch in der Form

$$\sum_{k=1}^{\infty} \frac{\langle f, z_k \rangle}{||z_k||^2} \cdot z_k(x)$$

geschrieben werden. Wegen $|z_k(x)| \leq z_k(0) = 1$, siehe (42), hat sie die Majorante

$$\sum_{k=1}^{\infty} \frac{|\langle f, z_k \rangle|}{||z_k||^2}. \tag{46}$$

Konvergiert die Majorante, so konvergiert die Fourier-Reihe gleichmäßig, und zwar gegen eine stetige Funktion, bei Vollständigkeit des Orthonormalsystems gegen $f(x)$.

Um für die Majorante Konvergenz nachweisen zu können, haben wir

$$|\langle f, z_k \rangle| \text{ nach oben, und}$$

$$||z_k|| \text{ nach unten}$$

abzuschätzen.

Berechnung von $||z_k||$ und Abschätzung nach unten

Beim Beweis der Orthogonalität der z_k ergab sich unter anderem, mit $k = l$, die Beziehung

$$j_k^2 ||z_k||^2 = ||z_k'||^2.$$

Wegen $z_k'(x) - j_k \cdot z'(j_k x)$ ist dies äquivalent zu

$$\int_0^1 z^2(j_k x) x^{2\alpha+1} dx = \int_0^1 z'^2(j_k x) x^{2\alpha+1} dx.$$

Daraus ergibt sich bei Substitution von $j_k x$ als neuer Integrationsvariabler

$$\int_0^{j_k} z^2(x) x^{2\alpha+1} dx = A = \int_0^{j_k} z'^2(x) x^{2\alpha+1} dx,$$

wobei wir den gemeinsamen Wert dieser beiden Integrale mit A bezeichnet haben. Außerdem betrachten wir die Hilfsfunktion

$$h(x) := z^2(x) + z'^2(x).$$

Dann hat A noch eine dritte Darstellung, die sich aus

$$2A = \int\limits_0^{j_k} h(x)x^{2\alpha+1}dx$$

ergibt, und mithilfe der Differentialgleichung (43) erhalten wir für $x \neq 0$

$$h'(x) = 2z'(x)\big\{z(x) + z''(x)\big\} = -2(2\alpha + 1) \cdot \frac{1}{x} \cdot z'^2(x) \leq 0.$$

Daraus folgt zunächst, daß $h(x)$ für $x > 0$ streng monoton fällt, als nichtnegative Funktion also sogar überall positiv ist. Aber man erhält auch noch

$$z^2(x) \leq h(x) < h(0) = z^2(0) = 1.$$

Das ist die Ungleichung (42), die wir somit bewiesen haben. Ferner erhalten wir

$$z'^2(x) = -\frac{1}{2(2\alpha + 1)} \cdot xh'(x).$$

Indem wir für A die zweite bzw. die dritte Darstellung benutzen, ergibt sich mithilfe partieller Integration

$$A = \int\limits_0^{j_k} z'^2(x)x^{2\alpha+1}dx = -\frac{1}{2(2\alpha + 1)} \int\limits_0^{j_k} h'(x)x^{2\alpha+2}dx$$

$$= -\frac{1}{2(2\alpha + 1)}\bigg\{h(j_k) \cdot j_k^{2\alpha+2} - (2\alpha + 2)\int\limits_0^{j_k} h(x)x^{2\alpha+1}dx\bigg\}$$

$$= -\frac{1}{2(2\alpha + 1)}\bigg\{z'^2(j_k) \cdot j_k^{2\alpha+2} - (2\alpha + 2) \cdot 2A\bigg\}$$

$$= -\frac{1}{2(2\alpha + 1)}z'^2(j_k) \cdot j_k^{2\alpha+2} + \Big(1 + \frac{1}{2\alpha + 1}\Big) \cdot A.$$

Löst man die letzte Gleichung nach A auf, so ergibt sich unter Benutzung der ersten Darstellung von A und eines früheren Ergebnisses

$$\frac{1}{2}z'^2(j_k) = \frac{1}{j_k^{2\alpha+2}} \cdot A = \frac{1}{j_k^{2\alpha+2}} \int\limits_0^{j_k} z^2(x)x^{2\alpha+1}dx = ||z_k||^2.$$

Wir erhalten also

$$\boxed{||z_k||^2 = \tfrac{1}{2}z'^2(j_k).}$$

Diese Beziehung gestattet es uns, die Norm bequem zu berechnen. Wir benötigen allerdings noch eine Abschätzung nach unten. Diese erhalten wir aus der Beziehung

$$||z_k||^2 = \frac{1}{j_k^{2\alpha+2}} \cdot \int\limits_0^{j_k} z^2(x)x^{2\alpha+1}dx.$$

Definieren wir nämlich die positive Konstante c_α durch die Gleichung

$$c_\alpha^2 = \int\limits_0^{j_1} z^2(x)x^{2\alpha+1}dx,$$

so gilt offensichtlich

$$\boxed{||z_k|| \geq \frac{c_\alpha}{j_k^{\alpha+1}}.}$$

Wir kommen jetzt zurück zur Frage der Konvergenz der Fourier-Reihe und setzen dabei zusätzlich voraus, daß f mindestens 2-mal stetig differenzierbar ist – und wie bisher die Bedingung

$$f(1) = 0$$

erfüllt. Unter Benutzung von (44) erhalten wir dann bei zweimaliger partieller Integration

$$\langle f, z_k \rangle = -\frac{1}{j_k^2} \int_0^1 f(x) \big(x^{2\alpha+1} z_k'(x)\big)' dx$$

$$= \frac{1}{j_k^2} \int_0^1 \big(f'(x) x^{2\alpha+1}\big) z_k'(x) dx$$

$$= \frac{1}{j_k^2} \int_0^1 g(x) z_k(x) x^{2\alpha+1} dx = \frac{1}{j_k^2} \langle g, z_k \rangle,$$

wenn

$$g(x) := \frac{1}{x^{2\alpha+1}} (f'(x) x^{2\alpha+1})' = f''(x) + (2\alpha + 1)\frac{f'(x)}{x}$$

gesetzt wird.

$g(x)$ ist wieder eine gerade Funktion, wegen $f'(0) = 0$ (ungerade Funktion!) ist sie auch stetig, und es gilt

$$\langle f, z_k \rangle = \frac{1}{j_k^2} \langle g, z_k \rangle.$$

Erfüllt nun **g** die gleichen Voraussetzungen wie **f**, so gibt es ganz entsprechend eine gerade und stetige Funktion **a** mit

$$\langle g, z_k \rangle = \frac{1}{j_k^2} \langle a, z_k \rangle,$$

also mit

$$\langle f, z_k \rangle = \frac{1}{j_k^4} \langle a, z_k \rangle.$$

So können wir fortfahren, und erhalten beim $(n-1)$-ten bzw. n-ten Schritt zuletzt Funktionen **h** bzw. **c** mit

$$\langle c, z_k \rangle = \frac{1}{j_k^2} \langle h, z_k \rangle$$

und

$$\langle f, z_k \rangle = \frac{1}{j_k^{2n}} \langle c, z_k \rangle.$$

Daraus gewinnen wir die Abschätzung

$$|\langle f, z_k \rangle| \leq \frac{1}{j_k^{2n}} \cdot ||c|| \cdot ||z_k||,$$

aus der sich zuletzt

$$\frac{|\langle f, z_k \rangle|}{||z_k||^2} \leq \frac{||c||}{||z_k||} \cdot \frac{1}{j_k^{2n}}$$

ergibt.

Nun erinnern wir uns unserer Abschätzung von $||z_k||$ nach unten. Mit ihrer Hilfe erhalten wir

$$\boxed{\frac{|\langle f, z_k \rangle|}{||z_k||^2} \leq \frac{||c||}{c_\alpha} \cdot j_k^{\alpha+1-2n}}$$

Wer will darf die Namen-Folge **f, g, a, h, c** als musikalisches Omen betrachten.

Unsere Fourier-Reihe hat also eine konvergente Majorante, wenn die Reihe

$$\sum_{k=1}^{\infty} j_k^{\alpha+1-2n} \tag{47}$$

konvergiert. Um hierüber entscheiden zu können, müssen wir mehr über die Verteilung der Bessel-Nullstellen erfahren.

Wir betrachten dazu die Funktion

$$y(x) := z(x) \cdot x^{\alpha+\frac{1}{2}}$$

und rechnen leicht nach, daß sie wegen (43) die Differentialgleichung

$$y'' + \left[1 - (\alpha^2 - \frac{1}{4}) \frac{1}{x^2} \right] y = 0$$

erfüllt. Für "$x = \infty$" würde sich aus ihr die Differentialgleichung

$$y'' + y = 0$$

ergeben, die unter anderem die Lösung $\sin(x - j_k)$ hat, welche wie $z_k(x)$ bei j_k eine Nullstelle hat. Tatsächlich kann man die Lösungen der beiden Differentialgleichungen hinsichtlich der Lage ihrer Nullstellen nach einem auf *Ch. F. Sturm* zurückgehenden Verfahren vergleichen. Mit dem Ergebnis, daß es eine Zahl $m \in \mathbb{N}$ gibt, so daß $z(x)$ für alle $k \geq m$ neben j_k keine weitere Nullstelle im Intervall $j_k \leq x \leq j_k + \pi$ (der nächsten Nullstelle von $\sin(x - j_k)$) gibt.

Es gilt also für $k \geq m$ jeweils $j_{k+1} > j_k + \pi$, und man erhält

$$j_k > j_{k-1} + \pi > j_{k-2} + 2\pi > \ldots > j_m + (k - m)\pi.$$

Daraus ergibt sich

$$\frac{j_k}{k} > \pi + \frac{j_m - m\pi}{k}.$$

Für alle hinreichend großen k gilt also

$$\frac{j_k}{k} > \frac{\pi}{2},$$

und daraus folgt, daß die Reihe (47) für $\alpha + 1 - 2n < -1$, also für $n > \frac{\alpha}{2} + 1$ tatsächlich konvergiert. Als Folgerung hieraus ergibt sich der folgende Satz.

Satz *(Gleichmäßige Konvergenz der Fourier-Reihe)* .
Sei $n > \frac{\alpha}{2} + 1$. Die Funktion f sei gerade, 2n-mal stetig differenzierbar, und es gelte

$$f(1) = f'(1) = \ldots = f^{(2n)}(1) = 0.$$

Dann konvergiert ihre Fourier-Reihe

$$\sum_{k=1}^{\infty} \langle f, z_k^* \rangle z_k^*(x)$$

auf dem Intervall $0 \le x \le 1$ gleichmäßig.

Zum Beweis: Die Voraussetzungen an f gewährleisten die Durchführbarkeit unserer Konstruktion von f über g, a,...,h bis hin zu c.

Anmerkung 1. Die Voraussetzung $f'(1) = f''(1) = \ldots = f^{(2n)}(1) = 0$ ist äußerst einschränkend und daher zunächst ärgerlich. Sie ist aber nicht ganz unnatürlich, sondern hat etwas zu tun mit dem Verhalten der Besselfunktionen "bei ∞". Ist sie jedoch nicht erfüllt, so kann man $f(x)$ auf einem kleineren Intervall $-a \le x \le a$ mit $0 < a < 1$ betrachten und von hier aus zu einer geraden, alle Voraussetzungen des Satzes erfüllenden Funktion $\tilde{f}$ fortsetzen. Das gelingt zum Beispiel mithilfe zweier Hermite-Interpolations-Polynome. Konvergiert dann die Fourier-Reihe der Fortsetzung gleichmäßig gegen $\tilde{f}(x)$, so konvergiert sie auf dem Intervall $-a \le x \le a$ auch gleichmäßig gegen $f(x)$.

Anmerkung 2. Die Fourier-Koeffizienten des ungeraden Anteils $\bar{f}$ von F können ganz ähnlich behandelt werden. Im ersten Schritt nutzt man, daß $\bar{z}_k$ mithilfe von z' definiert wurde, danach nutzt man (40) und eine (44) entsprechende Beziehung für $Z_{\alpha+1}(\bar{j}_k x)$. Anstelle von $f(x)$ tritt dann die Funktion $\bar{f}(x)/x$ auf, die wieder gerade und stetig ist und bei $x = 1$ verschwindet.

Konzentrische Schwingungen

Wie angekündigt machen wir für die Lösung der partiellen Differential-gleichung (32) einen speziellen Ansatz. Und zwar nehmen wir in diesem Abschnitt an, daß $v(x, y)$ die Gestalt

$$v(x, y) = z(\gamma r)$$

mit

$$r = \sqrt{x^2 + y^2} \geq 0$$

habe.

Der Fall $\gamma = 0$ führt auf $v(x, y) = z(0) = \mathit{const}$, wobei aus den Rand-bedingungen noch $\mathit{const} = 0$ folgt. Da wir die triviale Lösung allerdings ausgeschlossen haben, können wir im weiteren ohne Beschränkung der Allgemeinheit $\gamma > 0$ voraussetzen.

Die Randbedingungen (RW') nehmen jetzt die einfache Gestalt

$$z(\gamma) = 0 \qquad\qquad \text{(RW'')}$$

an. Im übrigen rechnet man leicht nach, daß für $r > 0$

$$v_{xx} + v_{yy} = \gamma^2 \left\{ z''(\gamma r) + \frac{1}{\gamma r} \cdot z'(\gamma r) \right\}$$

gilt. Also ist (32) genau dann erfüllt, wenn für alle $\xi = \gamma r$ mit $0 < \xi \leq \gamma$

$$\boxed{\xi z''(\xi) + z'(\xi) + \xi z(\xi) = 0}$$

gilt. Multipliziert man diese Gleichung mit dem Faktor ξ, so erhält man gerade die **Besselsche Differentialgleichung zum Index 0**. Natürlich kommt als Lösung unseres Problems keine Funktion mit einer Singularität bei Null infrage. Also sind für uns nur die Funktionen der Gestalt

$$z(\xi) = const \cdot J_0(\xi)$$

von Bedeutung. Sie lösen die partielle Differentialgleichung(32), erfüllen aber die Randwerte nur (und genau) dann, wenn γ eine Nullstelle von $z(\xi)$ ist. Das bedeutet nun aber, daß wir für γ eine der Nullstellen $j_{0,k}$ von $J_0(x)$ zu wählen haben, k eine natürliche Zahl. Die zugehörigen Frequenzen ergeben sich wegen (36) zu

$$\nu_{0,k} = \frac{c}{2\pi} \cdot j_{0,k} \tag{48}$$

mit

$$c = \sqrt{\frac{\sigma}{\rho}}.$$

Zu jedem $k \in \mathbb{N}$ erhalten wir so Eigenschwingungen $v(x,y) \cdot g(t)$, die wir wegen (35) in der Form

$$const \cdot J_0(j_{0,k}\sqrt{x^2 + y^2} \cdot \cos 2\pi\nu_{0,k}(t - \tau)$$

schreiben können. Sie haben je eine bestimmte Frequenz und können daher als "Töne" interpretiert werden. Stellvertretend für alle übrigen Töne gleicher Frequenz zeichnen wir unter ihnen die Töne

$$u_{0,k}(x,y,t) := J_0(j_{0,k}\sqrt{x^2 + y^2}) \cdot \cos 2\pi\nu_{0,k}t$$

aus.

Damit sind wir wieder bei der Musik angekommen.

Die Abbildungen 13a bis 13c zeigen die Töne $u_{0,1}$, $u_{0,2}$ und $u_{0,3}$ "im

Profil". Sie zeigen also die Funktionen $u_{0,k}(x,0,t)$ für $k = 1, 2, 3$ zu verschiedenen Zeitpunkten t. Die Ähnlichkeit zu den Abbildungen 4a bis 4c (schwingende Saite) ist unverkennbar, wenngleich auch die Abweichung in der Form von den harmonischen Schwingungen deutlich wird. Abbildung 13d gibt zusätzlich, als Beispiel, eine 3d–Ansicht des Tons $u_{0,3}$ wieder.

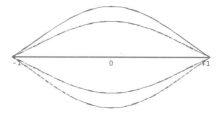

Abbildung 13a $(u_{0,1}(x,0,t)$, **verschiedene** $t)$

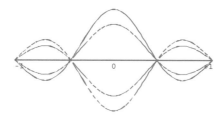

Abbildung 13b $(u_{0,2}(x,0,t)$, **verschiedene** $t)$

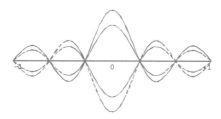

Abbildung 13c $(u_{0,3}(x,0,t)$, **verschiedene** $t)$

Abbildung 13d $\left(u_{0,3}(x,y,0)\right)$

Zu den Obertönen der Kesselpauke

Wir haben Töne mit den Frequenz-Verhältnissen

$$\nu_{0,1} : \nu_{0,2} : \nu_{0,3} : \ldots$$

gefunden. Es sind natürlich zugleich die Verhältnisse der entsprechenden Tonhöhen $H(u_{0,1})$, $H(u_{0,2})$, $H(u_{0,3})$, usw. Wegen (48) verhalten sie sich gerade wie

$$j_{0,1} : j_{0,2} : j_{0,3} : \ldots,$$

das heißt wie die positiven Nullstellen der Besselfunktion J_0. Diese hat also eine fundamentale Bedeutung für die Musik.

Der Tabelle 10 entnimmt man die folgenden Tonhöhen-Verhältnisse (gerundet):

$$\frac{j_{0,2}}{j_{0,1}} = 2,295, \quad \frac{j_{0,3}}{j_{0,2}} = 1,568, \quad \frac{j_{0,4}}{j_{0,3}} = 1,363, \quad \frac{j_{0,5}}{j_{0,4}} = 1,266, \ldots.$$

Man sieht: Die Verhältnisse weichen stark ab von den uns von der schwingenden Saite her vertrauten Verhältnissen (2:1, 3:2, 4:3, 5:4, 6:5,...).

Um über sie Genaueres zu erfahren, betrachten wir ihre Kettenbruch-Entwicklungen:

$$\frac{H(u_{0,2})}{H(u_{0,1})} = [2,3,2,1,\ldots],$$

$$\frac{H(u_{0,3})}{H(u_{0,2})} = [1,1,1,3,\ldots],$$

$$\frac{H(u_{0,4})}{H(u_{0,3})} = [1,2,1,3,\ldots],$$

$$\frac{H(u_{0,5})}{H(u_{0,4})} = [1,3,1,3,\ldots].$$

Wir erhalten daraus zunächst die unteren Schranken

$$[2,3,2] = \frac{16}{7}, \quad [1,1,1] = \frac{3}{2}, \quad [1,2,1] = \frac{4}{3}, \quad [1,3,1] = \frac{5}{4}.$$

Nimmt man eine weitere Stelle der Kettenbruchentwicklungen hinzu, so ergeben sich die viel genaueren Approximationen von oben

$$\frac{23}{10}, \quad \frac{11}{7}, \quad \frac{15}{11}, \quad \frac{19}{15}.$$

Anstelle der harmonischen Obertonreihe der schwingenden Saite mit den Verhältnissen

$$2:1, \quad 3:2, \quad 4:3, \quad 5:4, \ldots$$

liefern die konzentrischen Schwingungen der Pauken-Membran also recht

a-harmonische Oberton-Verhältnisse.

Bemerkenswert ist die erste Schranke von unten: Schreibt man sie als

$$\frac{16}{7} = 2 \cdot \frac{8}{7},$$

so erkennt man, daß es sich um eine von einem übergroßen Ganztonschritt des Archytas gefolgte Oktave handelt, während die drei anderen
unteren Schranken uns als Quinte, Quarte und Terz vertraut sind. Die
genaueren, oberen Schranken liegen dagegen ziemlich quer zu der harmonischen Obertonreihe der schwingenden Saite. Wir werden sehen, daß
dies noch lange nicht die volle Wahrheit über die schwingende Membran
ist.

Zirkulante Schwingungen

Für jede natürliche Zahl k haben wir bereits auf konzentrischen Krei-
sen schwingende Lösungen der Wellengleichung mit den erforderlichen
Randwerten gefunden. Sie ergeben einen Ton mit der Frequenz $\nu_{0,k}$.

Ermutigt hierdurch suchen wir noch nach ganz andersartigen Schwingungen. Dazu schreiben wir $v(x, y)$ auf Polarkoordinaten

$$x = r \cdot \cos \phi,$$
$$y = r \cdot \sin \phi$$

um. Es sei also

$$r := \sqrt{x^2 + y^2},$$
$$\phi := \arccos \frac{x}{\sqrt{x^2+y^2}} \text{ für } x^2 + y^2 > 0.$$

Der Punkt $(x, y) = (0, 0)$ nimmt dabei eine Sonderstellung ein, die wir
zu beachten haben. Schließlich sei

$$V(r, \phi) := v(r \cdot \cos \phi, r \cdot \sin \phi).$$

Es gilt dann natürlich

$$V(r, \phi + 2\pi) = V(r, \phi),$$

und aus

$$v(x, y) = V(\sqrt{x^2 + y^2}, \arccos \frac{x}{\sqrt{x^2 + y^2}})$$

gewinnt man durch entsprechendes Differenzieren unter Benutzung der Kettenregel

$$v_{xx} + v_{yy} = V_{rr} + \frac{1}{r^2}V_{\phi\phi} + \frac{1}{r}V_r.$$

Aber nur für $r > 0$. Aus der Differentialgleichung (32) für $v(x, y)$ ergibt sich also für $V(r, \phi)$ insoweit die Differentialgleichung

$$V_{rr} + \frac{1}{r^2}V_{\phi\phi} + \frac{1}{r}V_r + \gamma^2 V = 0, \tag{49}$$

wobei r und ϕ jeweils als Argumente einzusetzen sind. Die Randwerte nehmen jetzt die Gestalt

$$V(1, \phi) = 0 \quad \text{für alle} \quad \phi \tag{RW"}$$

an. Um die Differentialgleichung (49) zu lösen, machen wir erneut einen Produktansatz, indem wir nach Lösungen der Gestalt

$$V(r, \phi) = z(\gamma r) \cdot h(\phi) \tag{50}$$

suchen.

Den Fall $\gamma = 0$ können wir dabei von vornherein unberücksichtigt lassen, da er über $V(r, \phi) = z(0) \cdot h(\phi)$ wegen der vorgeschrieben Randwerte $V(1, \phi) = 0$ auf $z(0) \cdot h(\phi) = 0$ und somit auf $V(r, \phi) = 0$ führt. Dem entspricht $v(x, y) = 0$. Wir erhalten also nur die triviale Lösung $u(x, y, t) = 0$, die wir von unseren Untersuchungen ausgeschlossen haben.

Im weiteren setzen wir also ohne Beschränkung der Allgemeinheit voraus, daß

$$\gamma > 0$$

gilt. Unter der Voraussetzung, daß $V(r,\phi)$ die Gestalt (50) hat, nimmt die Differentialgleichung (49) die Form

$$\gamma^2 \cdot z''(\gamma r) \cdot h(\phi) + \frac{1}{r^2} \cdot z(\gamma r) \cdot h''(\phi) + \frac{\gamma}{r} \cdot z'(\gamma r) \cdot h(\phi) + \gamma^2 \cdot z(\gamma r) \cdot h(\phi) = 0$$

an. Multiplizieren wir diese Gleichung durch mit r^2, und setzen wir anschließend $\gamma r =: \xi$, so erhalten wir hieraus

$$\xi^2 \cdot z''(\xi) \cdot h(\phi) + z(\xi) \cdot h''(\phi) + \xi \cdot z'(\xi) \cdot h(\phi) + \xi^2 \cdot z(\xi) \cdot h(\phi) = 0,$$

und zwar für alle ξ mit $0 < \xi \leq \gamma$. Solange $V(r,\phi) = z(\xi) \cdot h(\phi) \neq 0$ gilt, folgt hieraus bei Divison mit $z(\xi)h(\phi)$

$$\xi^2 \cdot \frac{z''(\xi)}{z(\xi)} + \xi \cdot \frac{z'(\xi)}{z(\xi)} + \xi^2 = -\frac{h''(\phi)}{h(\phi)}.$$

Damit haben wir wieder eine "Trennung der Veränderlichen" bewirkt: Die linke Seite hängt nur von ξ ab, die rechte nur von ϕ. Nach einem schon mehrfach benutzten Schluß steht also auf beiden Seiten dieselbe Konstante.

Nehmen wir nun an, diese Konstante sei negativ, also von der Gestalt $-\alpha^2$, so hat die entstehende Differentialgleichung

$$\frac{h''(\phi)}{h(\phi)} = \alpha^2$$

keine periodische Lösung, so daß die Bedingung $V(r,\phi+2\pi) = V(r,\phi)$ unerfüllbar ist. Wir verlieren also keine Lösung unseres Problems, wenn wir die Konstante als von der Form α^2 mit $\alpha \geq 0$ voraussetzen. Wir erhalten dann für h und z die Differentialgleichungen

$$h'' + \alpha^2 h = 0 \quad \text{und}$$

$$\xi^2 z'' + \xi z' + (\xi^2 - \alpha^2)z = 0.$$

Die erste der Differentialgleichungen hat die Lösungen

$$h(\phi) = a \cdot \cos \alpha\phi + b \cdot \sin \alpha\phi$$

mit beliebigen reellen Zahlen a und b. Sie kann auch in der Form

$$h(\phi) = A \cdot \cos \alpha(\phi - \phi_0)$$

geschrieben werden mit der Amplitude

$$A := \sqrt{a^2 + b^2}$$

und einem geeigneten Winkel ϕ_0.

Freilich muß V die Bedingung $V(r, \phi + 2\pi) = V(r, \phi)$ erfüllen, was $h(\phi + 2\pi) = h(\phi)$ nach sich zieht. Diese Bedingung ist aber äquivalent dazu, daß

$$\alpha \in \{0, 1, 2, \ldots\}$$

gilt, was wir im weiteren voraussetzen.

Für $\alpha \geq 1$ gilt dann sogar

$$V\left(r, \phi + \frac{2\pi}{\alpha}\right) = V(r, \phi),$$

das heißt V ist im Winkel periodisch, wir sagen: **zirkulant**.

Die zweite Differentialgleichung ist uns bekannt als die Besselsche Differentialgleichung zum Index α. Da wir nur an einer bei $\xi = 0$ nichtsingulären Lösung interessiert sind, verlieren wir bis auf einen konstanten Faktor keine Lösung, wenn wir im weiteren nur die Lösung

$$z(\xi) = J_\alpha(\xi)$$

betrachten. Damit finden wir für (49) die Lösung

$$V(r, \phi) = J_\alpha(\gamma r) \cdot \big\{ a \cos \alpha\phi + b \sin \alpha\phi \big\}, \tag{51}$$

die wir auch in der Form

$$V(r, \phi) = A \cdot J_\alpha(\gamma r) \cdot \cos \alpha(\phi - \phi_0)$$

schreiben können.

Noch haben wir uns nicht um die Randwerte (RW") gekümmert. Sie sind genau dann erfüllt, wenn $J_\alpha(\gamma) = 0$ ist, also für

$$\gamma \in \{j_{\alpha,1}, j_{\alpha,2}, j_{\alpha,3}, \ldots\}.$$

Wir fassen zusammen: Wählen wir α und γ wie angegeben, so ist

$$V_{\alpha,k}(r, \phi) = J_\alpha(j_{\alpha,k} r)\{a \cos \alpha\phi + b \sin \alpha\phi\} \qquad (52)$$

eine die Randbedingungen erfüllende Lösung der Differentialgleichung (49).

Aber natürlich nur für $r > 0$. Darin liegt ein gewisses Problem. Denn ersetzen wir in $V(r, \phi)$

$$r \text{ durch } \sqrt{x^2 + y^2} \text{ und}$$

$$\phi \text{ durch } arccos \frac{x}{\sqrt{x^2 + y^2}},$$

so erhalten wir eine Funktion $v(x, y)$, welche die Differentialgleichung (32) zwar in den Punkten mit $r = \sqrt{x^2 + y^2} > 0$ erfüllt, vielleicht aber bei $(x, y) = (0, 0)$ nicht einmal stetig ist. Dieser Fall tritt indes höchstens für $\alpha > 0$ auf. Wir betrachten im weiteren gerade diesen Fall.

Um die aufgeworfene Frage zu klären, betrachten wir die trigonometrischen Identitäten

$$\cos \alpha\phi = \binom{\alpha}{0} \cos^\alpha \phi - \binom{\alpha}{2} \cos^{\alpha-2} \phi \cdot \sin^2 \phi \pm \cdots,$$

$$\sin \alpha\phi = \binom{\alpha}{1} \cos^{\alpha-1} \phi \cdot \sin \phi - \binom{\alpha}{3} \cos^{\alpha-3} \phi \cdot \sin^3 \phi \pm \cdots.$$

Aus ihnen ergibt sich mit $x = r \cos \phi$ und $y = r \sin \phi$

$$r^\alpha \cos \alpha\phi = \binom{\alpha}{0} x^\alpha - \binom{\alpha}{2} x^{\alpha-2} y^2 \pm \cdots =: C_\alpha(x, y)$$

$$r^\alpha \sin \alpha\phi = \binom{\alpha}{1} x^{\alpha-1} y - \binom{\alpha}{3} x^{\alpha-3} y^3 \pm \cdots =: S_\alpha(x, y).$$

Dabei sind $C_\alpha(x, y)$ und $S_\alpha(x, y)$ homogene Polynome vom Grad α.

Nun erinnern wir uns der Beziehung (41), aus der sich (mit einer neuen Konstanten)

$$J_\alpha(\gamma r) = const \cdot r^\alpha \cdot Z_\alpha(\gamma r)$$

ergibt. Mit (51) erhält man somit den Zusammenhang $V(r, \phi) = v(x, y)$ mit

$$v(x, y) = const \cdot Z_\alpha\big(\gamma \sqrt{x^2 + y^2}\big) \big\{ a \cdot C_\alpha(x, y) + b \cdot S_\alpha(x, y) \big\}.$$

Da $V(r, \phi)$ für $r > 0$ die Differentialgleichung (49) erfüllt, löst $v(x, y)$ für $(x, y) \neq (0, 0)$ die Differentialgleichung (32). Doch könnte sich $v(x, y)$ in der Umgebung von $(0, 0)$ noch sehr kompliziert verhalten.

Wegen (39) ist aber – zu unserem Gück –

$$Z_\alpha\big(\gamma \sqrt{x^2 + y^2}\big) = \sum_{k=0}^\infty (-1)^k \frac{\alpha!}{k!(k + \alpha)!} \Big(\frac{\gamma}{2}\Big)^{2k} \big(x^2 + y^2\big)^k$$

überall, also auch bei $(0, 0)$, beliebig oft stetig differenzierbar. Gleiches gilt für die homogenen Polynome $C_\alpha(x, y)$ und $S_\alpha(x, y)$, und damit für $v(x, y)$ selbst.

Aus Gründen der Stetigkeit der beteiligten Funktionen gilt also (32) für alle (x, y) der Kreisscheibe, und mit jeder Lösung $g(t)$ der Differentialgleichung (33) erhalten wir in

$$u(x, y, t) = v(x, y) \cdot g(t)$$

tatsächlich eine Lösung der Wellengleichung. Sie erfüllt zudem die durch die Geometrie der Pauke vorgegebenen Randwerte, wenn $Z_\alpha(\gamma) = 0$ gilt. Bei jeder Wahl von $\gamma = j_{\alpha,k}$, $k \in \mathbb{N}$, erhalten wir also eine Eigenschwingung.

Für das weitere ist es zweckmäßig, die folgenden Funktionen einzuführen (auch für $\alpha = 0$):

$$
\begin{aligned}
c_{\alpha,k}(x,y) &:= Z_\alpha\left(j_{\alpha,k}\sqrt{x^2+y^2}\right) \cdot C_\alpha(x,y), \\
s_{\alpha,k}(x,y) &:= Z_\alpha\left(j_{\alpha,k}\sqrt{x^2+y^2}\right) \cdot S_\alpha(x,y).
\end{aligned}
$$

Jede dieser Funktionen ist ein $v(x,y)$. Kombinieren wir sie also mit einer der Funktionen

$$
g(t) = \cos c j_{\alpha,k} t \quad \text{oder} \quad g(t) = \sin c j_{\alpha,k} t,
$$

so erhalten wir jeweils eine der folgenden Eigenschwingungen der Membran:

Eigenschwingungen der Membran

Für $\alpha \in \mathbb{N}_0$ und $k \in \mathbb{N}$ stellen die Funktionen

$$c_{\alpha,k}(x,y) \cdot \cos c j_{\alpha,k} t, \quad c_{\alpha,k}(x,y) \cdot \sin c j_{\alpha,k} t,$$

$$s_{\alpha,k}(x,y) \cdot \cos c j_{\alpha,k} t, \quad s_{\alpha,k}(x,y) \cdot \sin c j_{\alpha,k} t \text{ (nur für } \alpha > 0)$$

je eine Eigenschwingung der Membran dar. Sie haben die Frequenz

$$\nu_{\alpha,k} = \frac{c}{2\pi} j_{\alpha,k}.$$

Die Frequenz ergibt sich aus (36).

Wegen $Z_0 = J_0$, $C_0 = 1$ und $S_0 = 0$ stimmt die Aussage für $\alpha = 0$ mit unserem Ergebnis des vorigen Abschnitts "Konzentrische Schwingungen" überein, allerdings mit der Einschränkung, daß nur die Schwingungen der ersten Zeile nichttrivial sind.

Die Eigenschwingungen sind bezüglich der Zeit harmonische Funktionen mit einer vom Ort abhängenden Amplitude $c_{\alpha,k}(x,y)$ bzw. $s_{\alpha,k}(x,y)$. Exemplarisch veranschaulichen wir in den Abbildungen 14a – 14c die Eigenschwingungen

$$u_{\alpha,k}(x,y,t) := c_{\alpha,k}(x,y) \cdot \cos c j_{\alpha,k} t$$

für $k = 2$ und $\alpha = 1, 2, 3$. Dargestellt sind die Höhenlinien zum Zeitpunkt $t = 0$. Sie sind im Bereich $u_{\alpha,k}(x,y,0) > 0$ durchgezogen, im Bereich $u_{\alpha,k}(x,y,0) < 0$ punktiert. Man muß sich die Bilder im übrigen pulsierend vorstellen, wobei sich die positiven und die negativen Bereiche mit der Zeit periodisch vertauschen. Die auftretenden konzentrischen Kreise und Durchmesser sind Knotenlinien. In ihnen gilt $u_{\alpha,k}(x,y,t) = 0$ zu allen Zeiten.

Abbildung 11 zeigte bereits den räumlichen Verlauf der Eigenschwingung $u_{3,2}(x,y,t)$ zum Zeitpunkt $t = 0$. Abbildung 14d zeigt ergänzend noch das dreidimensionale Bild von $u_{3,5}(x,y,0)$. Auch hier gilt, daß man sich die Membran pulsierend vorzustellen hat.

Alles nur Theorie?

Wir haben die Eigenschwingungen der Membran aus der 3d-Wellengleichung abgeleitet, die übrigens ihrerseits durch Idealisierung der realen Situation gewonnen wird (s. Nachtrag). Der Skeptiker mag meinen, das sei eben alles nur Theorie. Wie realitätsbezogen die Theorie sein kann, haben wir jedoch schon im Zusammenhang mit dem Fagott durch die recht genaue Bestimmung der Schallgeschwindigkeit nach der Formel von Laplace gezeigt. Aber auch im vorliegenden Fall zeigen Experimente, die auf

Ernst Florens Friedrich Chladni
(1756 – 1827, Wittenberg – Breslau)

zurückgehen, wie gut die Theorie mit der Praxis übereinstimmt. Bei diesen Experimenten wird feiner Sand auf die Membran gestreut, der bei geeigneter Erregung eine sogenannte

Chladni-sche Klangfigur

entstehen läßt. Solche Klangfiguren sind den Musikern wohl bekannt. Beispiele findet man in dem Lehrbuch der Physik von *Grimsehl und Tomaschek*. Seine Abbildung 701 stimmt in offenkundiger Weise mit unserer Abbildung 14c überein. Damit hat auch die 3d-Wellengleichung den Test bestanden.

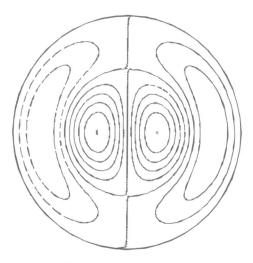

Abbildung 14a $\left(u_{1,2}(x,y,0)\right)$

Abbildung 14b $\left(u_{2,2}(x,y,0)\right)$

Abbildung 14c $\left(u_{3,2}(x,y,0)\right)$

Abbildung 14d $\left(u_{3,5}(x,y,0)\right)$

Zirkulante Eigenschwingungen als stehende rotierende Wellen

In Polarkoordinaten gilt

$$u_{\alpha,k}(r\cos\phi, r\sin\phi, t) = const \cdot J_\alpha(j_{\alpha,k}r) \cdot \cos\alpha\phi \cdot \cos c j_{\alpha,k} t.$$

Für die anderen Eigenschwingungen gelten ähnliche Darstellungen. Sie lassen für $\alpha \in \mathbb{N}$ in ϕ die

Winkelperiode $\frac{2\pi}{\alpha}$

erkennen, was uns veranlaßte, sie für $\alpha \in \mathbb{N}$

zirkulant

zu nennen – im Gegensatz zu den konzentrischen Schwingungen mit $\alpha = 0$.

Nun gilt aufgrund einer bekannten trigonometrischen Identität

$$u_{\alpha,k}(r\cos\phi, r\sin\phi, t) = const \cdot J_\alpha(j_{\alpha,k}r) \cdot \frac{1}{2}\Big\{ \cos(\alpha\phi - c j_{\alpha,k}t)$$
$$+ \cos(\alpha\phi + c j_{\alpha,k}t)\Big\}.$$

Für $\alpha \in \mathbb{N}$ hat der Bestandteil

$$J_\alpha(j_{\alpha,k}r) \cdot \cos(\alpha\phi - c j_{\alpha,k}t)$$

die Eigenschaft, sich für

$$\phi = \phi(t) := \frac{1}{\alpha} \cdot \big(c j_{\alpha,k}t + \phi_0 \big)$$

konstant zu verhalten. Die Welle **rotiert** um den Nullpunkt mit der konstanten Winkel-Geschwindigkeit

$$\phi'(t) = \frac{c j_{\alpha,k}}{\alpha} = \frac{2\pi}{\alpha} \cdot \nu_{\alpha,k}.$$

Entsprechendes gilt für den Bestandteil

$$J_\alpha(j_{\alpha,k}r) \cdot \cos(\alpha\phi + cj_{\alpha,k}t),$$

nur hat diese Welle den entgegengesetzten Umlaufssinn. Man kann also die Eigenschwingungen auffassen als Überlagerung zweier mit konstanter Winkelgeschwindigkeit, aber im entgegengesetzten Umlaufsinn rotierender Wellen, obwohl sie selbst ihren Ort nicht verändert. Man nennt sie daher eine **stehende Welle**.

Der Begriff ist schillernd, denn die Winkelgeschwindigkeit wird für große k beliebig groß. Man bedenke aber, daß es sich nur um eine gedachte **Phasengeschwindigkeit** handelt, die mit keinem Massentransport verbunden ist.

Damit sind wir wieder bei der Musik angekommen: Die Oberton-Reihe der Pauke, zweiter Teil

Jede Eigenschwingungen hat eine Frequenz. Sie kann daher mit einem Ton identifiziert werden. Nach (36) gilt zum Beispiel:

> **Der Ton $u_{\alpha,k}$ hat die Frequenz**
>
> $$\nu_{\alpha,k} = \frac{c}{2\pi} \cdot j_{\alpha,k}$$

Die positiven Nullstellen der Bessel-Funktionen entscheiden also darüber, welche Frequenzen auftreten. Wir entnehmen dabei der Tabelle 10, daß $\nu_{0,1}$ unter ihnen die kleinste ist.

> **Der Grundton ist**
>
> $$u_{0,1}$$

Alle übrigen Töne sind **Obertöne**. Es ist vernünftig, ihre Frequenzen im
Verhältnis zu $\nu_{0,1}$ zu betrachten. Es sei also

$$\nu^*_{\alpha,k} := \frac{\nu_{\alpha,k}}{\nu_{0,1}} = \frac{j_{\alpha,k}}{j_{0,1}}.$$

Diese Frequenz-Verhältnisse geben natürlich zugleich die Tonhöhe von
$u_{\alpha,k}$ bezogen auf $u_{0,1}$ als Eichton an, das heißt es ist

$$\nu^*_{\alpha,k} = \frac{H(u_{\alpha,k})}{H(u_{0,1})}.$$

Tabelle 12 zeigt die ersten von ihnen.

Die eingangs erwähnte mechanischen Vorrichtung ermöglicht es dem Pau-
kisten, die Spannung σ des Fells und damit den Wert des Parameters

$$c = \sqrt{\frac{\sigma}{\rho}}$$

zu verändern.

**Der Paukist kann durch Veränderung der
Spannung σ des Paukenfells den Grundton $u_{0,1}$ auf eine gewünschte Frequenz
stimmen. Dadurch werden alle Obertöne
festgelegt auf die Frequenz**

$$\nu_{\alpha,k} = \frac{j_{\alpha,k}}{j_{0,1}} \cdot \nu_{0,1}.$$

In der folgenden Tabelle geben wir die Frequenzen einiger Obertöne im
Verhältnis zur Frequenz des Grundtones an.

k	$\nu_{0,k}^*$	$\nu_{1,k}^*$	$\nu_{2,k}^*$	$\nu_{3,k}^*$	$\nu_{4,k}^*$	$\cdots$
1	1.000	1.593	2.136	2.653	3.155	$\cdots$
2	2.295	2.917	3.500	4.059	4.601	$\cdots$
3	3.598	4.230	4.832	5.412	5.977	$\cdots$
4	4.903	5.540	6.153	6.746	7.325	$\cdots$
5	6.209	6.849	7.468	8.071	8.660	$\cdots$
.	$\cdots$	$\cdots$	$\cdots$	$\cdots$	$\cdots$	
.	$\cdots$	$\cdots$	$\cdots$	$\cdots$	$\cdots$	
.	$\cdots$	$\cdots$	$\cdots$	$\cdots$	$\cdots$	

Tabelle 12

Höhe der Obertöne, bezogen auf $u_{0,1}$ (gerundet).

Ordnet man die Obertöne nach ihrer auf $u_{0,1}$ als Eichton bezogenen Tonhöhe, so erhält man die Reihe

$$1 = \nu_{0,1}^* < \nu_{1,1}^* < \nu_{2,1}^* < \nu_{0,2}^* < \nu_{3,1}^* < \nu_{1,2}^* < \nu_{4,1}^* < \cdots,$$

in Zahlenwerten:

---

a-harmonische Oberton-Reihe der Pauke

(Tonhöhen)

$1 < 1,59\ldots < 2,13\ldots < 2,29\ldots < 2,65\ldots < 2,91\ldots < 3,15\ldots < \cdots$

Verglichen mit der (harmonischen) Oberton-Reihe der Saiteninstrumente, kann man diese Reihe nur als chaotisch empfinden.

Um eine bessere Übersicht zu gewinnen, berechnen wir die zugehörigen Kettenbrüche. Das ergibt die Reihe

$$[1] < [1,1,1,2,\ldots] < [2,7,2,1,\ldots] < [2,3,2,1,\ldots]$$
$$< [2,1,1,1,\ldots] < [2,1,11,\ldots] < [3,6,2,\ldots] < \cdots.$$

Wertet man die aufgeführten ersten vier bzw. drei Stellen aus, so erhält man die rationalen Approximationen

$$1 < \frac{8}{5} < \frac{47}{22} < \frac{23}{10} < \frac{8}{3} < \frac{35}{12} < \frac{41}{13} < \cdots.$$

Die Auswertung auch der vierten Stelle ergäbe in den letzten beiden Fällen die noch genaueren, aber viel zu komplizierten Approximationen

$$\frac{703}{241} \quad \text{und} \quad \frac{183}{58}.$$

Außer den Verhältnissen 8 : 5 (kl. Sexte) und 8 : 3 = 2·(4 : 3) (Oktave + Quarte) kommen in dieser Oberton-Reihe keine alten Bekannte vor. Es fällt im übrigen auf, daß vor dem zweiten (echten) Oberton der harmonischen Oberton-Reihe bereits fünf (echte) Obertöne der Oberton-Reihe der Pauke auftreten. Diese Häufung relativ tiefer Obertöne, die zudem verquer zu der harmonischen Oberton-Reihe liegen, hört man natürlich, und macht einen Teil des Reizes der Pauke als eines recht a-harmonischen, die Reinheit der Streichinstrumente auf äußerst interessante Weise konterkarrierenden Instruments aus.

Wer war Friedrich Wilhelm Bessel?

Es wird Zeit, daß wir uns etwas mit dem Mann beschäftigen, dessen Namen die auch für die Musik so wichtigen Bessel-Funktionen tragen.

Friedrich Wilhelm Bessel

(1784 – 1846, Minden – Königsberg)

war ein bedeutender Mathematiker, Astronom und Geodät. Er stand in regem Kontakt zu Carl Friedrich Gauß, auf dessen Anregung er in Göttingen promoviert wurde. Bis an sein Lebensende leitete er die 1812 fertiggestellte Königsberger Sternwarte. Berühmt wurde er durch seine Berechnungen der Kometenbahnen, mit deren Hilfe später der "Halleysche Komet", das heißt der Komet von 1607 (wieder-) gefunden wurde, sowie durch die erstmalige Bestimmung der Parallaxe eines Sterns, welche die erstmalige Berechnung der Entfernung eines Fixsternes ermöglichte. Von größter wissenschaftlicher Bedeutung war auch seine Vorhersage von Sirius B, eines vergleichsweise sehr kleinen Nebensternes des Sirius, aufgrund von Störungen, die er bei ihm beobachteten konnte. Die heute nach ihm benannten Bessel-Funktionen waren dabei ein wichtiges mathematisches Hilfsmittel. Für die moderne Mathematik ist auch die uns schon bekannte Besselsche Ungleichung von fundamentaler Bedeutung.

Anfangswerte und Klangfarbe

Wir haben in den beiden vorangehenden Abschnitten eine Fülle von Eigenschwingungen des Pauken-Fells nachgewiesen, also von Tönen, die es erzeugen kann. Zu ihnen gehören die speziellen Eigenschwingungen

$$c_{\alpha,k}(x,y) \cdot \cos c j_{\alpha,k} t \quad \text{und} \quad c_{\alpha,k}(x,y) \cdot \sin c j_{\alpha,k} t \quad \text{für} \quad \alpha \in \mathbb{N}_0, k \in \mathbb{N},$$

$$s_{\alpha,k}(x,y) \cdot \cos c j_{\alpha,k} t \quad \text{und} \quad s_{\alpha,k}(x,y) \cdot \sin c j_{\alpha,k} t \quad \text{für} \quad \alpha \in \mathbb{N}, k \in \mathbb{N},$$

welche je die Frequenz $\nu_{\alpha,k}$ haben. Durch endliche oder konvergent-unendliche Linearkombination gewinnt man aus ihnen weitere Lösungen der Randwertaufgabe, also Schwingungen der Membran, der Form

$$u(x,y,t) = \sum_{\alpha=0}^{\infty}{}' \sum_{k=1}^{\infty} \big\{ [a_{\alpha,k} c_{\alpha,k}(x,y) + b_{\alpha,k} s_{\alpha,k}(x,y)] \cdot \cos c j_{\alpha,k} t$$
$$+ [a'_{\alpha,k} c_{\alpha,k}(x,y) + b'_{\alpha,k} s_{\alpha,k}(x,y)] \cdot \sin c j_{\alpha,k} t \big\}. \quad (53)$$

Dabei bedeutet der $'$ bei der ersten Summe, daß alle einen (trivialen) Faktor $s_{0,k} = 0$ enthaltende Summanden fortzulassen sind. Wir wollen untersuchen, wie diese Schwingungen mit den Anfangswerten zusammenhängen. Um dieser Frage nachgehen zu können, benötigen wir weiteres mathematisches Rüstzeug.

Zunächst fassen wir die Funktionen $c_{\alpha,k}$ und $s_{\alpha,k}$ von oben zusammen in der Menge E und definieren wir für beliebige auf der Kreisscheibe $x^2 + y^2 \leq 1$ definierte und stetige Funktionen f und g das Symbol $\langle f, g \rangle$ durch

$$\langle f, g \rangle := \int\int_{x^2+y^2 \leq 1} f(x,y)g(x,y)dxdy.$$

Ohne die Formalisierung zu weit treiben zu wollen, erwähnen wir, daß es sich bei $\langle f, g \rangle$ wieder um ein inneres Produkt handelt. Es gilt stets

$$\langle f, f \rangle \geq 0,$$

und

$$\|f\| := \sqrt{\langle f, f \rangle}$$

ist wieder die Norm von f. Es gilt also $\|f\| \geq 0$, wobei aus $\|f\| = 0$ folgt, daß $f = 0$, d.h. $f(x,y) = 0$ für alle Punkte (x,y) der Kreisscheibe gilt.

Ist $\langle f, g \rangle = 0$, so heißen f und g wieder **orthogonal**, und ein aus nichttrivialen Funktionen bestehendes System heißt wieder ein **Orthogonalsystem**, wenn je zwei verschiedene seiner Elemente orthogonal sind. In diesem Sinne gilt der

Satz. *Bezüglich des inneren Produkts $\langle f, g \rangle$ ist E ein Orthogonalsystem.*

Beweis. Weil er für uns sehr wichtig ist, wollen wir den Satz beweisen. Zunächst gilt für beliebige α, β, k und l (in Polarkoordinaten)

$$\langle c_{\alpha,k}, s_{\beta,l} \rangle = \int_0^1 Z_\alpha(j_{\alpha,k}r)Z_\beta(j_{\beta,l}r)r^{\alpha+\beta+1}\left\{ \int_0^{2\pi} \cos\alpha\phi \sin\beta\phi \, d\phi \right\}dr$$

$$= 0,$$

weil schon das innere Integral (über ϕ) verschwindet. Für $\alpha \neq \beta$ ergibt sich auf gleiche Weise

$$\langle c_{\alpha,k}, c_{\beta,l} \rangle = 0 = \langle s_{\alpha,k}, s_{\beta,l} \rangle.$$

Es bleibt der Fall $\alpha = \beta$ zu untersuchen. Für $\alpha \in \mathbb{N}$ gilt

$$\int\limits_0^{2\pi} \cos^2 \alpha\phi \, d\phi = \pi = \int\limits_0^{2\pi} \sin^2 \alpha\phi \, d\phi,$$

und man erhält

$$\langle c_{\alpha,k}, c_{\alpha,l} \rangle = \pi \int\limits_0^1 Z_\alpha(j_{\alpha,k}r) Z_{\alpha,l}(j_{\alpha,l}r) r^{2\alpha+1} dr,$$

$$\langle s_{\alpha,k}, s_{\alpha,l} \rangle = \pi \int\limits_0^1 Z_\alpha(j_{\alpha,k}r) Z_{\alpha,l}(j_{\alpha,l}r) r^{2\alpha+1} dr.$$

Für $k \neq l$ ist also wiederum

$$\langle c_{\alpha,k}, c_{\alpha,l} \rangle = 0 = \langle s_{\alpha,k}, s_{\alpha,l} \rangle,$$

diesmal allerdings aufgrund des Lemmas von Seite 116.

Für $\alpha = 0$ ist die zweite Gleichung trivial. Die erste ergibt sich aus

$$\langle c_{\alpha,k}, c_{\alpha,l} \rangle = 2\pi \int\limits_0^1 Z_\alpha(j_{\alpha,k}r) Z_{\alpha,l}(j_{\alpha,l}r) r^{2\alpha+1} dr,$$

wieder aufgrund unseres Lemmas.

Verschiedene Elemente von E sind also stets zueinander orthogonal, was zu beweisen war.

Die Normen dieser Funktionen ergeben sich aus

$$||c_{\alpha,k}||^2 = \int_0^1 Z_\alpha^2(j_{\alpha,k}r) r^{2\alpha+1} dr \cdot \begin{cases} 2\pi, & \text{falls} \quad \alpha = 0, \\ \pi, & \text{falls} \quad \alpha \in \mathbb{N}, \end{cases}$$

sowie aus $||s_{\alpha,0}|| = 0$ und

$$||s_{\alpha,k}|| = ||c_{\alpha,k}|| \quad \text{für} \quad k \in \mathbb{N}.$$

Sie stimmen bis auf die Faktoren $\sqrt{2\pi}$ bzw. $\sqrt{\pi}$ mit den in Tabelle 11 dargestellten Normen überein.

Die Orthogonalität von E wird nicht gestört, wenn wir seine Elemente **normieren**, also jedes Element $f \in E$ ersetzen durch das Element f^* mit

$$f^*(x,y) := \frac{f(x,y)}{||f||}.$$

Das System der normierten Elemente von E werde mit E^* bezeichnet. Für $f^* \in E^*$ und $g^* \in E^*$ gilt dann

$$\langle f^*, g^* \rangle = \begin{cases} 0\,, & \text{falls} \quad f^* \neq g^*, \\ 1\,, & \text{falls} \quad f^* = g^*. \end{cases}$$

E^* ist also wieder ein **Orthonormalsystem**.

Natürlich kann (53) auch auf die Form

$$u(x,y,t) = \sum_{\alpha=0}^{\infty}{}' \sum_{k=1}^{\infty} \left\{ [a_{\alpha,k} c_{\alpha,k}^*(x,y) + b_{\alpha,k} s_{\alpha,k}^*(x,y)] \cdot \cos 2\pi \nu_{\alpha,k} t \right.$$

$$\left. + [a'_{\alpha,k} c_{\alpha,k}^*(x,y) + b'_{\alpha,k} s_{\alpha,k}^*(x,y)] \cdot \sin 2\pi \nu_{\alpha,k} t \right\} \quad (54)$$

gebracht werden, wobei allerdings in der Regel neue Koeffizienten auftreten.

Damit ist der "Ton" u dargestellt als eine Überlagerung von Obertönen der Frequenz $\nu_{\alpha,k} = \frac{c}{2\pi} j_{\alpha,k}$, wobei die Koeffizienten $a_{\alpha,k}$, $b_{\alpha,k}$, $a'_{\alpha,k}$ und $b'_{\alpha,k}$ seinen "Klang" bestimmen – ganz in Analogie zu den Verhältnissen bei der schwingenden Saite. Dabei ist der Betrag des jeweiligen Koeffizienten ein Maß für den Einfluß des Obertones auf den Klang. Die Koeffizienten sind also von zentraler musikalischer Bedeutung.

Natürlich könnten wir die $\cos cj_{\alpha,k}t$- und die $\sin cj_{\alpha,k}t$-Glieder wieder zusammenfassen zu *einem cos*-Glied gleicher Frequenz mit einer Amplitude und einer Phase. Das ist indes nicht sehr sinnvoll, da Amplitude und Phase dann von x und y sowie den vier Koeffizienten abhängen.

Im weiteren nehmen wir an, die Reihenentwicklung (54) sei nicht nur gleichmäßig konvergent, sondern es gelte das Gleiche auch für ihre formale partielle Ableitung nach t, der Zeit. Dann erhalten wir insbesondere

$$u(x,y,0) = \sum_{\alpha=0}^{\infty}{}' \sum_{k=1}^{\infty} [\, a_{\alpha,k} c_{\alpha,k}^*(x,y) + b_{\alpha,k} s_{\alpha,k}^*(x,y)\,],$$

$$u_t(x,y,0) = \sum_{\alpha=0}^{\infty}{}' \sum_{k=1}^{\infty} [\, a'_{\alpha,k} c_{\alpha,k}^*(x,y) + b'_{\alpha,k} s_{\alpha,k}^*(x,y)\,] \cdot cj_{\alpha,k}.$$

Und erfüllt u dann auch noch die Anfangswerte

$$u(x,y,0) = A(x,y),$$

$$u_t(x,y,0) = B(x,y),$$

so ergeben sich die Koeffizienten von $u(x,y,t)$ auf eindeutige Weise aus den "Fourierkoeffizienten" von A und B bezüglich des Orthonormalsystems E^*.

Zum Beispiel gilt für $\beta \in \mathbb{N}_0$, $l \in \mathbb{N}$

$$\langle A, c_{\beta,l}^* \rangle = \int\!\!\int_{x^2+y^2 \leq 1} A(x,y) c_{\beta,l}^*(x,y)\,dxdy$$

$$= \sum_{\alpha=0}^{\infty}{}' \sum_{k=1}^{\infty} [a_{\alpha,k} \langle c_{\alpha,k}^*, c_{\beta,l}^* \rangle + b_{\alpha,k} \langle s_{\alpha,k}^*, c_{\beta,l}^* \rangle]$$

$$= a_{\beta,l},$$

weil aufgrund der Orthogonalität von E^* alle Glieder der Summe, bis auf das Glied

$$a_{\beta,l}\langle c_{\beta,l}^*, c_{\beta,l}^* \rangle = a_{\beta,l},$$

verschwinden. Entsprechendes gilt für $b_{\beta,l}$. Schreiben wir wieder (α, k) statt (β, l), so erhalten wir also

$$a_{\alpha,k} = \langle A, c_{\alpha,k}^* \rangle \text{ für } \alpha \in \mathbb{N}_0, \ k \in \mathbb{N},$$
$$b_{\alpha,k} = \langle A, s_{\alpha,k}^* \rangle \text{ für } \alpha \in \mathbb{N}, \ k \in \mathbb{N}.$$

In Analogie hierzu erhält man zunächst

$$\langle B_{\beta,l}, c_{\beta,l}^* \rangle = a_{\beta,l}' c j_{\beta,l}$$

und eine entsprechende Gleichung mit $s_{\beta,l}^*$ statt $c_{\beta,l}^*$, woraus sich zuletzt

$$a_{\alpha,k}' = \langle B, c_{\alpha,k}^* \rangle / (c j_{\alpha,k}) \text{ für } \alpha \in \mathbb{N}_0, \ k \in \mathbb{N},$$
$$b_{\alpha,k}' = \langle B, s_{\alpha,k}^* \rangle / (c j_{\alpha,k}) \text{ für } \alpha \in \mathbb{N}, \ k \in \mathbb{N}.$$

ergibt.

Was die Konvergenzfrage betrifft, weisen wir auf folgendes hin: Hängen die Anfangswerte $A(x,y)$ und $B(x,y)$ nur vom Radius $r = \sqrt{x^2 + y^2}$ ab, so ist die Schwingung konzentrisch, das heißt ihr fehlen alle zirkulanten Anteile mit $\alpha = 1, 2, \ldots$. Wegen $s_{0,k} = 0$ erhält man zum Beispiel für A die Fourier-Reihe

$$A(x,y) = \sum_{k=1}^{\infty} \langle A, c_{0,k}^* \rangle c_{0,k}^*(x,y).$$

Schreibt man dies auf Polarkoordinaten um, so ergibt sich für die Funktion

$$f(r) := A(r\cos\phi, r\sin\phi)$$

in der Notation des Abschnitts "Zur Konvergenz der Fourier-Reihe" die Fourier-Reihe

$$f(r) = \sum_{k=1}^{\infty} \langle f, z_k^* \rangle z_k^*(r).$$

Die dortigen Aussagen über die Konvergenz dieser Fourier-Reihe sind also unmittelbare Aussagen über die Fourier-Reihe von $A(x,y)$. Entsprechendes gilt für $B(x,y)$.

Wir fassen unsere Ergebnisse zusammen:

> Alle in der Reihe (54) auftretenden Koeffizienten können ausgedrückt werden durch die Fourier-Koeffizienten der Anfangswerte $A(x,y)$ bzw. $B(x,y)$ bezüglich des Orthonormalsystems E^*. $u(x,y,t)$ ist also eindeutig bestimmt durch seine Anfangswerte.

Man kann umgekehrt die Frage stellen: Bestimmen beliebige Anfangswerte stets eine Schwingung der Membran. Die Frage könnte dem Praktiker überflüssig erscheinen: Natürlich führt jeder Paukenschlag zu einem Ton – aber nur, wenn das Fell nicht zerreißt! Es ist also sicherzustellen, daß $u(x,y,t)$ und möglichst auch $u_t(x,y,t)$ zu jedem Zeitpunkt t eine stetige Funktion in (x,y) ist. Das ist gewährleistet, wenn die Reihe (53) und ihre formale Ableitung nach t bei festem t gleichmäßig gegen die jeweilige Funktion konvergieren, aber das setzt voraus, daß eine solche Konvergenz schon bei $A(x,y)$ bzw. bei $B(x,y)$ vorliegt. Zumindest aber müßten die Fourier-Reihen von $A(x,y)$ bzw. $B(x,y)$ bezüglich des Orthonormalsystems E^* in der Norm konvergieren. Es fragt sich indes, ob dies immer gewährleistet ist. Immerhin könnten uns ja aufgrund unseres speziellen Ansatzes bei der Lösung der partiellen Differentialgleichung (32) wichtige Lösungen $v(x, y)$ verloren gegangen sind, die bei der Entwicklung der Anfangswerte einfach fehlen. Eine Kontrolle hierüber gibt wieder die

---

Besselsche Ungleichung

$$\sum_\alpha{}' \sum_k \left[\langle A, c^*_{\alpha,k}\rangle^2 + \langle A, s^*_{\alpha,k}\rangle^2 \right] \leq ||A||^2.$$

Eine entsprechende Ungleichung gilt natürlich auch mit B statt A.

Die Besselsche Ungleichung gilt für beliebige endliche oder unendliche Fourier-Teilsummen, liefert aber das Gleichheitszeichen nur bei Konvergenz im Sinne der Norm $|| \cdot ||$. Es bleibt also denkbar, daß Konvergenz für *eine* Anfangsfunktion $A(x, y)$ bzw. $B(x, y)$ nicht erreichbar ist, weil in E^* *eine* Funktion fehlt, E^* also **nicht vollständig** ist.

Wir stoßen hier also erneut auf das Vollständigkeits-Problem, können es allerdings im Rahmen unseres "Streifzuges" nicht lösen. Es spielt eine zentrale Rolle in der Theorie der Hilbert-Räume, die nach

David Hilbert

(1862 – 1943, Königsberg – Göttingen)

benannt sind, einem der bedeutendsten Mathematiker der Neuzeit.

Tatsächlich besagt die Theorie der linearen Operatoren im Hilbert-Raum, daß unser Eigenwert-Problem (32) zu den Randwerten $v(x, y) = 0$ für $x^2 + y^2 = 1$ abzählbar unendlich viele Lösungen hat, wobei die Eigenwerte positiv sind und sich im Endlichen nicht häufen. Insbesondere gibt es einen kleinsten Eigenwert. Die zugehörigen (normierten) Eigenfunktionen bilden ein vollständiges Orthonormalsystem, und jede hinreichend glatte Funktion hat eine gegen sie gleichmäßig konvergierende Fourier-Reihe, gerade wie wir es uns erhofften. Doch bleibt bei diesem Ergebnis offen, ob denn das von uns gefundene Orthonormalsystem E^* ein solches vollständiges Orthonormalsystem wirklich ist. Selbst der Vollständigkeits-Beweis für die so "einfachen" trigonometrischen Grundfunktionen erfordert schließlich einiges an mathematischem Geschütz. Man findet ihn zum Beispiel in dem wunderbaren Lehrbuch von *Philip J. Davis*.

Eine gewisse Beruhigung erfährt das mathematische Gewissen indes durch die außerordentlich hohe Genauigkeit, mit welcher das noch folgende Beispiel die Besselsche Ungleichung ausschöpft, und die (bei entsprechendem numerischen Aufwand) noch erhöht werden könnte.

Wie wir schon erwähnten, besagt die Theorie unter anderem, daß unser Problem einen **kleinsten Eigenwert** besitzt. Es gibt also eine kleinste Frequenz, mit welcher die Membran schwingen kann. Ob dies gerade $\nu_{0,1}$ ist, ist wiederum eine andere Frage, obwohl einiges dafür spricht. Aber immerhin, es gibt sie, wie wir jetzt wissen. Historisch gesehen hat die Frage nach der kleinsten Frequenz allerdings die mathematischen Gemüter das ganze 19-te Jahrhundert hindurch stark beschäftigt. Ihre Existenz nachzuweisen gelang 1885 erstmals

Hermann Amandus Schwarz

(1843 – 1921, Hermsdorf – Berlin)

wenngleich in einem ganz anderen Zusammenhang Es folgten mühsame Untersuchungen über die Existenz einer zweit-kleinsten Frequenz, wobei zunächst offenblieb, ob die auftretenden Frequenzen überhaupt abzählbar sind, oder vielleicht sogar ein ganzes Intervall füllen können. Erst die moderne Theorie der (vollstetigen) Operatoren im Hilbert-Raum gab auf diese Fragen die entscheidende Antwort.

Diese historische Skizze muß in diesem "Streifzug" genügen. Sie dürfte allerdings bereits zeigen, wie tief Fragen der Musik und Fragen der Mathematik miteinander verbunden sind. Leider erschließt sich die in der Mathematik - wie in der Musik – verborgene Schönheit in ihrer Vollkommenheit nur dem, der den entsprechenden Kenntnisstand hat. Das soll keineswegs entmutigen, sondern im Gegenteil Mut machen zu vertiefter wechselseitiger Erkundigung.

Musikalisches Facit: Die Klangfarbe

Jede Schwingung $u(x, y, t)$ der Membran stellt einen Ton dar. Die Reihe (54) zeigt, wie sie sich aus Eigenschwingungen der Frequenz $\nu_{\alpha,k}$ zusammensetzt, oder, musikalisch ausgedrückt, wie sich ein **Ton** durch Überlagerung von **Obertönen** ergibt, was seine **Klangfarbe** bestimmt:

> Die **Klangfarbe eines Tones wird durch die Fourierkoeffizienten der Anfangswerte** $A(x, y)$ **und** $B(x, y)$ **bezüglich des Orthonormalsystems** E^* **bestimmt.**

Die beiden Fourierreihen konvergieren im Sinne der Norm genau dann, wenn

$$\sideset{}{'}\sum_{\alpha} \sum_{k} \left[\langle A, c_{\alpha,k}^* \rangle^2 + \langle A, s_{\alpha,k}^* \rangle^2 \right] = \|A\|^2,$$

$$\sideset{}{'}\sum_{\alpha} \sum_{k} \left[\langle B, c_{\alpha,k}^* \rangle^2 + \langle B, s_{\alpha,k}^* \rangle^2 \right] = \|B\|^2$$

gilt. Dabei ist $||B||^2$ ein direktes Maß für die in der Schwingung zum Zeitpunkt $t = 0$ enthaltene kinetische Energie, während $||A||^2$ der potentiellen Energie zu diesem Zeitpunkt entspricht. Die Fourierkoeffizienten zeigen an, welcher Teil der Gesamtenergie auf die einzelnen Frequenzen entfällt. Die Klangfarbe wird also durch die Verteilung der Energie auf den Grund- und die verschiedenen Obertöne bestimmt.

Ein Beispiel

Da ein Paukenschlag das Fell in Richtung des Inneren der Pauke deformiert, nehmen wir an, daß auch die z-Achse des Koordinatensystems in diese Richtung zeigt. Der Paukenschlag bewirkt dann zur Zeit $t = 0$ eine kleine "positive" Verformung $A(x, y)$.

Der Einfachheit halber sei $B(x, y) := 0$ für alle Punkte (x, y) der Membran, das heißt, für $x^2 + y^2 \leq 1$. Dagegen sei $A(x, y)$ für ein a mit $0 \leq a \leq 1$ mit Hilfe der durch die folgenden Eigenschaften definierten Funktion $F(x, y)$ erklärt:

$F(x, y) := 0$ für $x^2 + y^2 = 1$, also auf dem Rande,

$F(a, 0) := 1$,

$F(x, y)$ ist affin-linear auf jeder durch den Punkt $(a, 0)$ gehenden Geraden.

Und zwar sei zunächst $A(x, y) := F(x, y) \cdot \epsilon$ für eine kleine positive Zahl ϵ. Dann stellt $z = A(x, y)$ die Fläche eines schiefen Kegels (oder, wenn man so will, eines schiefen "Trichters") mit dem Einheitskreis als Basis und der Höhe ϵ dar. Dabei können wir ϵ noch zur Maßeinheit in der z-Richtung nehmen, also ohne Beschränkung der Allgemeinheit $\epsilon = 1$ und somit $A(x, y) = F(x, y)$ voraussetzen, was die Darstellung etwas vereinfacht.

Für die Parameterwerte $a = 0$, $a = \frac{1}{3}$ und $a = \frac{2}{3}$ geben die Abbildungen 15a–c die "Höhenlinien" $A(x, y) = const$ wieder.

Nach dem Prinzip des

Bonaventura Francesco Cavalieri

(1598? – 1647, Mailand – Bologna)

hat $||A||^2$ für alle a denselben Wert, der sich für $a = 0$ leicht zu

$$||A||^2 = \frac{\pi}{6}$$

berechnen läßt. Die Norm von A ist also explizit bekannt.

Auch gilt natürlich jeweils

$$\langle B, c_{\alpha,k}^* \rangle = 0 = \langle B, s_{\alpha,k}^* \rangle.$$

Und da $A(x,y) \cdot s_{\alpha,k}^*(x,y)$ im vorliegenden Fall eine in y ungerade Funktion ist, erhält man auch noch

$$\langle A, s_{\alpha,k}^* \rangle = 0.$$

Also hat die durch die gegebenen Anfangswerte $A(x,y) = F(x,y)$ definierte Schwingung die Gestalt

$$u(x,y,t) = \sum_\alpha \sum_k a_{\alpha,k} \cdot c_{\alpha,k}^*(x,y) \cdot \cos 2\pi \nu_{\alpha,k} t$$

mit

$$a_{\alpha,k} = \langle A, c_{\alpha,k}^* \rangle,$$

$$\sum_\alpha \sum_k a_{\alpha,k}^2 = ||A||^2.$$

Einige dieser Fourierkoeffizienten haben wir numerisch berechnet. Für $\alpha = 0, 1, \ldots, 4$ und $k = 1, 2, \ldots, 5$ sind sie in den Tabellen 14a–c aufgeführt und den Abbildungen 15a–c gegenübergestellt.

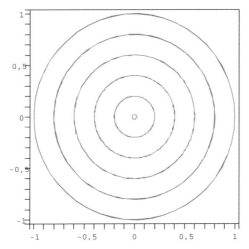

Abbildung 15a (Höhenlinien von $A(x,y) = F(x,y)$)
(Hier: $a=0$)

k	$\nu_{0,k}$	$\nu_{1,k}$	$\nu_{2,k}$	$\nu_{3,k}$	$\nu_{4,k}$
1	0,7219	0	0	0	0
2	0,0414	0	0	0	0
3	0,0255	0	0	0	0
4	0,0071	0	0	0	0
5	0,0062	0	0	0	0

Tabelle 14a $\left(\langle A, c_{\alpha,k}^* \rangle,\text{ gerundet.}\right)$
(Hier $A = F$, $a = 0$.)

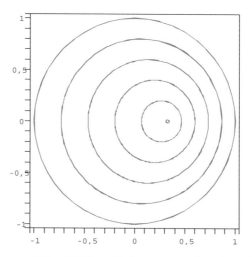

Abbildung 15b (Höhenlinien von $A(x,y) = F(x,y)$**)**
(Hier: $a=1/3$.)

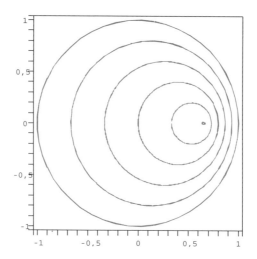

Abbildung 15c (Höhenlinien von $A(x,y) = F(x,y)$**)**
(Hier: $a=2/3$.)

k	$\nu_{0,k}$	$\nu_{1,k}$	$\nu_{2,k}$	$\nu_{3,k}$	$\nu_{4,k}$
1	+0,7072	+0,0760	+0,0104	+0,0017	+0,0003
2	-0,0034	-0,0115	-0,0007	+0,0001	+0,0001
3	+0,0003	-0,0012	+0,0001	+0,0001	0,0000
4	-0,0068	-0,0037	-0,0006	-0,0001	0,0000
5	+0,0001	-0,0005	-0,0001	0,0000	0,0000

Tabelle 14b $\left(\langle A, c^*_{\alpha,k}\rangle, \text{ gerundet.}\right)$
(Hier $A = F$, $a=1/3$.)

k	$\nu_{0,k}$	$\nu_{1,k}$	$\nu_{2,k}$	$\nu_{3,k}$	$\nu_{4,k}$
1	+0,6653	+0,1416	+0,0391	+0,0138	+0,0056
2	-0,0926	-0,0636	-0,0194	-0,0063	-0,0021
3	+0,0160	+0,0099	+0,0038	+0,0009	0,0000
4	-0,0002	-0,0014	+0,0003	+0,0005	+0,0004
5	-0,0011	-0,0003	-0,0001	-0,0001	0,0000

Tabelle 14c $\left(\langle A, c^*_{\alpha,k}\rangle, \text{ gerundet.}\right)$
(Hier $A = F$, $a=2/3$.)

k	$\nu_{0,k}$	$\nu_{1,k}$	$\nu_{2,k}$	$\nu_{3,k}$	$\nu_{4,k}$
1	0,9952	0	0	0	0
2	0,0033	0	0	0	0
3	0,0012	0	0	0	0
4	0,0001	0	0	0	0
5	0,0001	0	0	0	0

Tabelle 15a $\left(\langle A, c_{\alpha,k}^*\rangle^2/||A||^2\text{, gerundet.}\right)$

(Hier $A = F$, $a=0$.)

Die Anteile der betrachteten 25 Frequenzen an der Gesamtenergie summieren sich zu 99,99 Prozent. Die Schwingung hat keine zirkulanten Bestandteile.

k	$\nu_{0,k}$	$\nu_{1,k}$	$\nu_{2,k}$	$\nu_{3,k}$	$\nu_{4,k}$
1	0,9552	0,0404	0,0019	0,0001	0,0000
2	0	0,0013	0,0005	0,0001	0
3	0	0	0,0001	0	0
4	0,0001	0	0	0	0
5	0	0	0	0	0

Tabelle 15b $\left(\langle A, c_{\alpha,k}^*\rangle^2/||A||^2\text{, gerundet.}\right)$

(Hier $A = F$, $a=1/3$.)

Die Anteile der betrachteten 25 Frequenzen an der Gesamtenergie summieren sich zu 99,97 Prozent. Davon entfallen 4,44 Prozent auf die zirkulanten Bestandteile.

k	$\nu_{0,k}$	$\nu_{1,k}$	$\nu_{2,k}$	$\nu_{3,k}$	$\nu_{4,k}$
1	0,8454	0,1129	0,0158	0,0033	0,0009
2	0,0164	0,0036	0,0003	0	0
3	0,0005	0	0	0,0001	0
4	0	0	0	0	0
5	0	0	0	0	0

Tabelle 15c $\left(\langle A, c_{\alpha,k}^*\rangle^2/||A||^2\text{, gerundet.}\right)$

(Hier $A = F$, $a=2/3$.)

Die Anteile der betrachteten 25 Frequenzen an der Gesamtenergie summieren sich zu 99,93 Prozent. Davon entfallen 13,7 Prozent auf die zirkulanten Bestandteile.

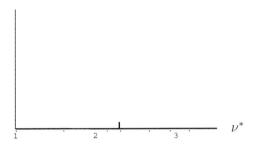

Abbildung 16a $(|\langle A, c^*_{\alpha,k}\rangle|$. Hier $A = F$, a=0.)

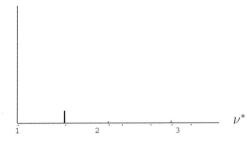

Abbildung 16b $(|\langle A, c^*_{\alpha,k}\rangle|$. Hier $A = F$, a=1/3.)

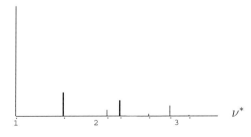

Abbildung 16c $(|\langle A, c^*_{\alpha,k}\rangle|$. Hier $A = F$, a=2/3.)

Aufschlußreicher ist es jedoch, die auf die verschiedenen Frequenzen $\nu_{\alpha,k}$ entfallenden Anteile an $||A||^2$, das heißt die Werte

$$\frac{a_{\alpha,k}^2}{||A||^2}$$

zu betrachten. Sie sind in den Tabellen 15a–c wiedergegeben.

Man beachte dabei: In Tabelle 15a bedeutet 0 stets eine exakte Null. In den Tabellen 15b und 15c bedeutet "0" jedoch eine nichtnegative Zahl $< \frac{1}{2}10^{-4}$, die zu 0,0000 gerundet worden ist.

Schließlich zeigen die Abbildungen 16a–c das "Amplituden-Diagramm" zu den drei Schwingungen. Einschränkend ist zu sagen, daß $|a_{\alpha,k}| = |\langle A, c_{\alpha,k} \rangle|$ nicht ganz dem Betrags-Maximum des Fourier-Gliedes

$$a_{\alpha,k} \cdot c_{\alpha,k}^*(x,y) \cdot \cos 2\pi\nu_{\alpha,k}t$$

entspricht, aber doch einen Eindruck von seiner Größe vermittelt.

Die Frequenzen sind bezogen auf die Frequenz des Grundtones. Die auf der Frequenz-Achse eingetragenen Werte 1, 2, 3,... entsprechen daher den Frequenzen der harmonischen Obertonreihe der schwingenden Saite bei gleichem Grundton, und es wird noch einmal deutlich, wie "quer" die Obertonreihe der Pauke zu dieser liegt. Deren Frequenzen sind unterhalb der Frequenz-Achse durch einen zusätzlichen Punkt markiert.

Wie im Falle der schwingenden Saite (Abbildungen 5b und 6b) hängt auch das Amplituden-Diagramm des schwingenden Pauken-Fells offenbar – bei gegebenem Grundton – wesentlich von den Anfangswerten ab, wobei eine exzentrische Verformung den zirkulanten Anteil erhöht, also den Anteil der Obertöne verstärkt.

Wir haben in unserem Beispiel bisher angenommen, daß das Paukenfell durch einen Paukenschlag zur Zeit $t = 0$ zu einer Kegelfläche verformt und mit der Geschwindigkeit Null in eine Schwingung mit den Anfangswerten $A(x, y) = F(x, y)$ entlassen worden ist, und sahen, daß die Exzentriziät des Paukenschlages die Klangfarbe stark beeinflußt. Es ist für uns nun ein leichtes, wenigstens modellmäßig auch die Auswirkung der Härte des Schlages auf sie zu untersuchen, indem wir die Anfangswerte zu

$$A(x, y) := F^2(x, y)$$

(oder einer noch höheren Potenz von $F(x, y)$) annehmen. Es bleibt dann bei $A(a, 0) = 1$, jedoch werden die Werte von $A(x, y)$ weiter ab von der Stelle $(a, 0)$ stark vermindert, so daß die Wirkung des Schlages als mehr punktförmig anzusehen ist. Wir erhalten für die neuen Anfangswerte – nach dem Prinzip des Cavalieri wieder für beliebige a –

$$||A||^2 = \frac{\pi}{15},$$

wollen aber im weiteren nur den Fall $a = 2/3$ behandeln.

Tatsächlich erhalten wir jetzt die numerischen Ergebnisse von Tabelle 18c, die wir mit denen der Tabelle 15c vergleichen können. Es zeigt sich, daß jetzt ein erheblich größerer Teil der Gesamtenergie auf höhere Frequenzen entfällt.

k	$\nu_{0,k}$	$\nu_{1,k}$	$\nu_{2,k}$	$\nu_{3,k}$	$\nu_{4,k}$
1	0,6369	0,2576	0,0606	0,0170	0,0055
2	0,0004	0	0,0002	0,0004	0,0004
3	0,0030	0,0036	0,0019	0,0009	0,0005
4	0,0022	0,0019	0,0006	0,0002	0
5	0,0006	0,0003	0	0	0

Tabelle 18c $\left(\langle A, c^*_{\alpha,k}\rangle^2/||A||^2,\text{ gerundet}\right)$
(Hier $A = F^2$, $a=2/3$)

Die Anteile der betrachteten 25 Frequenzen an der Gesamtenergie summieren sich zu 99,47 Prozent. Davon entfallen jetzt infolge des härteren Schlages 35,16 Prozent auf die zirkulanten Anteile.

Abbildung 17c zeigt das zugehörige Amplituden-Diagramm. Es macht die Härte des Schlages noch deutlicher. Man vergleiche das Diagramm mit dem von Abbildung 16c.

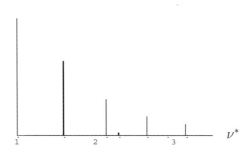

Abbildung 17c $(|\langle A, c^*_{\alpha,k}\rangle|.$ Hier $A = F^2$, a=2/3.)

Auffallend ist, mit welcher Stärke $u_{1,1}$ auftritt, der erste auf den Grundton $u_{0,1}$ folgende und zugleich zirkulante Oberton, – nach Tabelle 18c mit ca. 26 Prozent der Gesamtenergie! Nach dem physiologischen Gesetz der Sinneswahrnehmungen entspricht das subjektiv gesehen einem noch höheren Anteil an der Gesamtempfindung.

Wir haben oben schon darauf hingewiesen, daß $\nu^*_{1,1}$ die Kettenbruchentwicklung $\nu^*_{1,1} = [1, 1, 1, 2, \ldots]$ hat. Auf drei Stellen stimmt diese also überein mit der (periodischen) Kettenbruchentwicklung des **goldenen Schnitts**

$$\gamma = \frac{1}{2}\big(1 + \sqrt{5}\big) = [1, 1, 1, 1, \ldots],$$

der wegen $\frac{8}{5} = [1, 1, 1, 2]$ wiederum die kleine Sexte sehr gut wiedergibt.

Nachtrag: Herleitung der Wellengleichung für die schwingende Membran (fakultativ)

Wir kommen jetzt zu der zunächst zurückgestellten Herleitung der Wellengleichung für die schwingende Membran. Wir nehmen an, daß sie auf dem Rande der Kreisscheibe $x^2 + y^2 \leq a^2$, $z = 0$ mit dem Radius $a > 0$ eingespannt ist und die Spannung σ sowie die Dichte ρ hat. Zudem sei

$$q > 0 \text{ die Dicke der Membran [in cm]}.$$

Sie spielt nur vorübergehend eine Rolle und sei sehr klein.

Die von der Membran zur Zeit $t \geq 0$ eingenommene Fläche hat die Parameterdarstellung

$$z = u(x, y, t) \quad \text{mit} \quad x^2 + y^2 \leq a^2.$$

Wir greifen uns aus ihr einen beliebigen inneren Punkt (x, y, u) heraus (mit $x^2 + y^2 < a^2$) und trennen aus ihr in Gedanken das über der Kreisscheibe $x^2 + y^2 \leq h^2$, $z = 0$ mit dem Radius h mit $0 < h < \sqrt{a^2 - x^2 - y^2}$ liegende Flächenstück F heraus. Dieses mit der sehr kleinen Dicke q versehene Flächenstück unterliegt dem dynamischen Gleichgewicht der an ihm wirkenden Spannungs- und Trägheitskräfte, aus dem heraus sich die Wellengleichung ergeben wird.

In seiner Ruhelage ist F eine Kreisscheibe mit dem Radius h und der (sehr geringen) Höhe q. Es hat also das Volumen $\pi q h^2$ und die Masse

$$m = \rho \cdot \pi q h^2,$$

die wir uns im Schwerpunkt $\bigl(x, y, u(x, y, t)\bigr)$ konzentriert vorstellen dürfen. Sie unterliegt in der z-Richtung der Beschleunigung $u_{tt}(x, y, t)$ und wirkt dieser Beschleunigung mit der Trägheitskraft $T = -m u_{tt}(x, y, t)$, also mit

$$T = -\rho \cdot \pi q h^2 \cdot u_{tt}(x, y, t) \tag{55}$$

entgegen.

Wir untersuchen jetzt die auf den Rand von F einwirkenden Spannungs-
kräfte. Dazu als Vorbemerkung: Ist das Flächenstück F vollkommen
eben, so ist klar, dass die Spannung in diametral gegenüberliegenden
Punkten komplementäre Kräfte erzeugt, die sich wechselseitig aufheben.
Also summieren sich auch ihre Vertikalkomponenten in der z-Richtung
zu Null, was $T = 0$ und somit $u_{tt}(x, y, t) = 0$ zur Folge hat. Eine
von Null verschiedene Beschleunigung kann also nur auftreten, wenn das
Flächenstück gekrümmt ist.

Nach dieser heuristischen Betrachtung führen wir in der (x, y)-Ebene
Polarkoordinaten ein mit dem ausgewählten Punkt (x, y) als Zentrum.
Genauer: Wir definieren die Funktion

$$U(r, \phi, t) := u(x + r \cos \phi, y + r \sin \phi, t)$$

für $-h \leq r \leq h$ und beliebige Winkel ϕ. F hat dann die zusätzlichen
Parameterdarstellungen

$$z = U(r, \phi, t), \quad 0 \leq r \leq h, \quad 0 \leq \phi < 2\pi$$

und

$$z = U(-r, \phi, t), \quad 0 \leq r \leq h, \quad 0 \leq \phi < 2\pi.$$

Dabei folgt die zweite aus der ersten über die Identität

$$U(r, \phi + \pi, t) = U(-r, \phi, t).$$

Nun müßten wir eine sogenannte "Diskretisierung" des Randes vorneh-
men, betrachten aber zur Vereinfachung der Darstellung nur ein kleines
Inkrement $\Delta\phi > 0$ des Winkels sowie das entsprechende, aus den Punkten (x, y, z) mit

$$z = U(h, \psi, t), \quad \phi - \frac{\Delta\phi}{2} \leq \psi \leq \phi + \frac{\Delta\phi}{2}$$

gebildete Randsegment von F. Es hat die Länge $h \cdot \Delta\phi$ und (wie die
Fläche F selbst) die Höhe q. Sein Flächeinhalt hat also den Wert $q \cdot h\Delta\phi$.

Bei sehr kleinem $\Delta\phi$ kann das Randsegment als eben angesehen werden, wobei seine Normale in die in radialer Richtung genommene Flächentangente an F fällt. In Richtung der Normalen wirkt nun eine von der Spannung herrührende, nach außen gerichtete Kraft vom Betrage

$$\sigma \cdot qh\Delta\phi.$$

Ihre Vertikalkomponente hat den Betrag

$$\Delta K := \sigma \cdot qh\Delta\phi \cdot \sin\alpha$$

mit

$$\tan\alpha = U_r(h,\phi,t).$$

Unter Benutzung der trigonometrischen Identität

$$\sin\alpha = \frac{\tan\alpha}{\sqrt{1+\tan^2\alpha}}$$

ergibt sich daraus

$$\Delta K = \sigma qh \cdot \frac{U_r(h,\phi,t)}{\sqrt{1+U_r^2(h,\phi,t)}} \cdot \Delta\phi.$$

Zerlegt man nun das Intervall $0 \le \phi \le 2\pi$ in N Teile der Länge $\Delta\phi = \frac{2\pi}{N}$, so liefert jedes entsprechende Randsegment von F einen Beitrag ΔK zu den vertikal wirkenden Kräften, die sich bei Verfeinerung, also für $N \to \infty$, schließlich zu dem Wert

$$K = \sigma qh \cdot \int_0^{2\pi} \frac{U_r(h,\phi,t)}{\sqrt{1+U_r^2(h,\phi,t)}} d\phi$$

aufsummieren.

Nun hätten wir für F auch die Parameterdarstellung $z = U(-r, \phi, t)$ benutzen können, um eine ähnliche Darstellung für K zu gewinnen. Auf Grund der Beziehung

$$\frac{\partial}{\partial r} U(-r, \phi, t) = -\left(\frac{\partial}{\partial r} U\right)(-r, \phi, t)$$

ist aber von vornherein klar, daß es sich um die Darstellung

$$K = -\sigma qh \cdot \int\limits_0^{2\pi} \frac{U_r(-h, \phi, t)}{\sqrt{1 + U_r^2(-h, \phi, t)}} d\phi$$

handeln muß. Aus beiden Darstellungen zusammen ergibt sich alsdann

$$K = \frac{\sigma qh}{2} \cdot \int\limits_0^{2\pi} \left\{ \frac{U_r(h, \phi, t)}{\sqrt{1 + U_r^2(h, \phi, t)}} - \frac{U_r(-h, \phi, t)}{\sqrt{1 + U_r^2(-h, \phi, t)}} \right\} d\phi. \qquad (56)$$

Wegen (55) und (56) nimmt die Gleichgewichtsbedingung $K + T = 0$ nach Division mit $\rho \pi q h^2$ die Gestalt

$$\frac{\sigma}{2\pi\rho h} \cdot \int\limits_0^{2\pi} \left\{ \frac{U_r(h, \phi, t)}{\sqrt{1 + U_r^2(h, \phi, t)}} - \frac{U_r(-h, \phi, t)}{\sqrt{1 + U_r^2(-h, \phi, t)}} \right\} d\phi - u_{tt}(x, y, t) = 0$$

an. Setzen wir schließlich noch

$$f(z, \phi, t) := \frac{U_r(z, \phi, t)}{\sqrt{1 + U_r^2(z, \phi, t)}},$$

so erhalten wir

$$\frac{\sigma}{\pi\rho} \cdot \int\limits_0^{2\pi} \frac{1}{2h} \left\{ f(h, \phi, t) - f(-h, \phi, t) \right\} d\phi - u_{tt}(x, y, t) = 0.$$

Für $h \to 0$ folgt daraus

$$\frac{\sigma}{\pi\rho} \cdot \int_0^{2\pi} f_z(0, \phi, t)d\phi - u_{tt}(x, y, t) = 0.$$

Bis auf die Namen der Argumente kam die Funktion f schon bei der schwingenden Saite vor. Entsprechend ergibt sich hier

$$f_z = U_{rr}\frac{1}{\sqrt{1 + U_r^2}^3}.$$

Bei sehr kleinen ("infinitesimalen") Verformungen der Membran gilt also

$$\frac{\sigma}{\pi\rho} \cdot \int_0^{2\pi} U_{rr}(0, \phi, t)d\phi - u_{tt}(x, y, t) = 0.$$

Man rechnet nun leicht nach, daß

$$U_{rr} = u_{xx} \cdot \cos^2 \phi + 2u_{xy} \cdot \sin \phi \cos \phi + u_{yy} \cdot \sin^2 \phi$$

gilt. Wegen

$$\int_0^{2\pi} \cos^2 \phi \, d\phi = \pi, \qquad \int_0^{2\pi} \sin \phi \cos \phi \, d\phi = 0, \qquad \int_0^{2\pi} \sin^2 \phi \, d\phi = \pi$$

ergibt sich also

$$\int_0^{2\pi} U_{rr}(0, \phi, t)d\phi = \pi\{u_{xx}(x, y, t) + u_{yy}(x, y, t)\},$$

und setzt man dies oben ein, so erhält man, wieder in Kurzschrift,

$$\frac{\sigma}{\rho}\{u_{xx} + u_{yy}\} - u_{tt} = 0.$$

Mit $c := \sqrt{\frac{\sigma}{\rho}}$ ist das gerade die Wellengleichung.

Der Leser wird bemerkt haben, daß wir bei der Herleitung
der Wellengleichung aus der Gleichgewichtsbedingung für das
Flächenstück F von der besonderen Gestalt des Randes der
Membran keinen Gebrauch gemacht haben. Tatsächlich gilt die
Wellengleichung bei jedem beliebigen Rand.

Kapitel 3

Zur Harmonie

Akkorde

Zwei gleichzeitig oder kurz nacheinander erklingende Töne, eventuell verschiedener Instrumente, werden als angenehm empfunden, wenn ihre Grundfrequenzen ν_1 bzw. μ_1 in einem (gekürzten) Verhältnis mit kleinem Zähler und mit kleinem Nenner stehen. Es sind dies die **konsonanten** Verhältnisse

$$
\begin{aligned}
2 &: 1 \quad \text{(Oktave)}, \\
3 &: 2 \quad \text{(Quinte)}, \\
4 &: 3 \quad \text{(Quarte)}, \\
5 &: 3 \quad \text{(Sexte)}, \\
5 &: 4 \quad \text{(gr. Terz)}.
\end{aligned}
$$

Die kleine Terz (6:5) wird schon als **dissonant** empfunden, noch stärker die große Sekunde (9:8 oder 10:9) und die kleine Sekunde (16:15).

Nun darf nicht übersehen werden, daß mit den Grundtönen auch ihre Obertöne mit den Frequenzen $\nu_k = k \cdot \nu_1$ und $\mu_l = l \cdot \mu_1$ auftreten. Ihr Verhältnis ist gegeben durch

$$
\frac{\nu_k}{\mu_l} = \frac{k}{l} \cdot \frac{\nu_1}{\mu_1}.
$$

Für $k = l$ stehen die Obertöne also im gleichen Verhältnis wie die Grundtöne, sie sind also wie sie konsonant oder dissonant. Für $k \neq l$ kann aber Dissonanz selbst dann auftreten, wenn die Grundtöne konsonant sind. Diese Situation tritt nur dann nicht schmerzhaft auf, wenn die Grundtöne besonders *rein* sind, also höchstens Obertöne einer niedrigen Ordnung mit einer nennenswerten Amplitude auftreten.

Ein **Akkord aus mehreren Tönen** klingt angenehm, wenn die beteiligten Töne paarweise konsonant sind – einschließlich ihrer Obertöne niedriger Ordnung. Eine solche Konsonanz ist nur zu erwarten, wenn alle beteiligten Töne der harmonischen Naturtonreihe angehören, also etwa von Saiten- oder Flöteninstrumenten erzeugt werden, zum Beispiel aber nicht von der Pauke.

Bei den **Grundakkorden (Tonika, Subdominante und Dominante)** der Dur-Tonleitern ist das im wesentlichen der Fall. Bei Berücksichtigung der Obertöne 1., 2. und 3. Ordnung beim Grundton, 1. und 2. Ordnung bei der Terz, und der Quinte selber ergibt sich als ungünstigstes auftretendes Frequenzverhältnis das Verhältnis **12:5**. Beim **Septimakkord** *(g,h,d',f')* ermittelt man dagegen unter den Obertönen bis zur Ordnung 4 bei g, 3 bei h, 2 bei d' und 1 bei f' als ungünstigstes Frequenzverhältnis das Verhältnis **135:64**, das von der Oktave um $\frac{7}{64}$ abweicht. Es tritt auf zwischen dem Oberton von h der Ordnung 3 und f' selber. Besonders auffällig wird dieser Effekt natürlich dann, wenn das h von einem Instrument mit dominantem Oberton der Ordnung 3 herrührt, etwa von einer Klarinette.

Dieses Beispiel zeigt, daß eine Harmonielehre die Obertöne mit berücksichtigen muß. Tatsächlich ist die barocke Harmonielehre im Laufe des 20. Jahrhunderts allerdings immer mehr zugunsten eines freieren Umgangs mit den Tönen aufgegeben worden, was neue, zuvor unbekannte tonale Möglichkeiten eröffnet hat, allerdings auch ein neues Verhältnis zur Harmonie erforderte.

Tritonus

Dieses Spannungsverhältnis kann besonders festgemacht werden an der ästhetischen Beurteilung des **Tritonus**. Es ist dies das Tonintervall, das aus drei Ganztonschritten besteht, wie zum Beispiel das Intervall (c, fis) oder (fis, c').

In der gleichschwebenden Temperatur gilt

$$H(fis) : H(c) = H(c') : H(fis),$$

woraus sich

$$H(fis) = \sqrt{H(c) \cdot H(c')} = \sqrt{2} \cdot H(c)$$

ergibt. Der Tritonus führt also der Höhe nach auf das geometrische Mittel, also auf die "mittlere Proportionale" zwischen Grundton und Oktave und teilt damit, musikalisch gesehen, die Oktave hälftig. Was den Mathematiker natürlich begeistert, nicht aber den klassisch orientierten Musiker, für den der Tritonus der häßlichste aller Akkorde überhaupt ist. Daß er als Diabolus in musica verschrieen ist, liegt vielleicht nicht zuletzt daran, daß das irrationale Verhältnis $\sqrt{2} : 1$ von den Sängern zwischen den konsonanten rationalen Verhältnissen der Quarte und der Quinte nur schwer zu treffen ist.

Gleichwohl wirkt der Tritonus wohl auf manche Komponisten der Gegenwart mit einer unwiderstehlichen Anziehungskraft. So auf **Pierre Boulez**, der ihn zur Grundlage seiner "Notations" für Klavier machte. Vielleicht kein Wunder, denn Pierre Boulez ist studierter Mathematiker. Das Ergebnis ist verblüffend: eine schwebende, vielleicht etwas esoterisch klingende Komposition mit einem starken musikalischen Reiz.

Parallele Oktaven

Auch fortschreitende Oktav-Parallelen führen manchmal zu einem ästhetischen Unbehagen. So beanstandete *Robert Schumann* ihr häufiges Auftreten bei *Richard Wagner*. Der Grund liegt wohl in ihrer Ziellosigkeit, mathematisch gesehen jedoch vielleicht auch in der bei Oktav-Parallelen auftretenden Überbetonung der Obertöne. Dazu folgendes Modell.

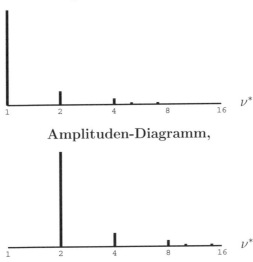

Amplituden-Diagramm,

... um eine Oktave nach oben verschoben,

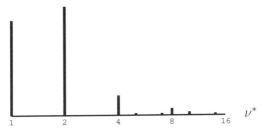

... und beide zusammen, überlagert.

Abbildung 18

Abbildung 18 zeigt an erster Stelle das Amplituden-Diagramm einer
schwingenden Saite, das der Situation der Abbildungen 6a und 6b entspricht. Erhöht man den angesprochenen Grundton um eine Oktave, so
verschiebt sich das Diagramm (bei gleicher Energieverteilung bei den
Obertönen) um eine (logarithmische) Einheit nach rechts, und wir erhalten das mittlere Amplituden-Diagramm. Sind schließlich die Obertöne
von Grundton und Oktave auch noch phasengleich, so ergibt sich das
Amplituden-Diagramm des aus ihnen gebildeten Akkords durch Additi-
on der jeweiligen Amplituden, und wir erhalten das Diagramm an der
letzten Stelle. Nimmt man dieses nun für sich, ohne nach seiner Her-
kunft zu fragen, so kann man Zweifel hegen, welches der Grundton ist,
was möglicherweise die Ursache für eine gewisse Irritation des Gehörs
verantwortlich ist.

Die Oktave ist natürlich das einzige Tonintervall, das in strengem Sinne
zu diesem Effekt führt. Nur bei ihr liegt das Oberton-Spektrum des oberen
Tones ganz in dem des Grundtones.

Harmonices Mundi

Nach der Entdeckung der Bedeutung von Zahlenverhältnissen für die Musik war *Pythagoras* von der Idee durchdrungen, daß überhaupt alles Wahre und Göttliche sich in Zahlen ausdrücken müsse. Von hier aus nahm die Zahlen-Mystik der Pythagoräischen Schule ihren Lauf, die, in vielem übertrieben, ganz ohne Zweifel die mathematische Phantasie beflügelte und zu bedeutenden kosmologischen Entwürfen führte. So versuchte man zum Beispiel, die vor- und rückläufigen Planeten-Bewegungen mit Hilfe von überlagerten Kreisbewegungen zu erklären, das heißt mit Hilfe von Epi- und Hyperzykloiden zu beschreiben. Überhaupt mußte sich alles kreisförmig bewegen – bis in die Neuzeit, bis hin zu *Descartes*, der sich Bewegung nur im Medium vorstellen konnte und zum Beweis ihrer Möglichkeit die Kreisbewegungen heranzog, die ja ohne Verdrängung einer Substanz erfolgen. Man muß solche metaphysischen Nöte und Erklärungsversuche zu verstehen suchen. So auch die Vorstellung einer aus Sphären aufgebauten und daher begreiflichen Welt, einschließlich einer Sphärenmusik als Ausdruck ihrer Vollkommenheit. Solche phantastischen Fiktionen, wie sie auch *Dantes* Göttlicher Komödie zu eigen waren, blieben nicht unproduktiv. Sie regten nämlich zu einem *Glauben an Naturgesetze* an, der die Voraussetzung einer jeden naturwissenschaftlichen Forschung ist. Jedenfalls können wir wohl sicher sein, daß *Johannes Kepler* einem solchen Glauben unterlag, denn wie sonst hätte er die drei wunderbaren Planeten-Gesetze finden können, die schließlich alles andere als phantastisch sind, da sie sich – später – als aus dem Newtonschen Gravitations-Gesetz mathematisch ableitbar herausstellten, also den vollen Charakter von Naturgesetzen tragen. Und warum sonst nannte wohl Kepler eines seiner Hauptwerke die

Harmonices Mundi.

Die Entwicklung ist fortgeschritten. Die Menschen denken heute nüchterner, sollten aber nie vergessen, daß es gerade die Phantasie ist, welche unsere Welt reicher und schöner macht. Wenn wir Heutigen vielleicht auch keine Sphären-Klänge wahrzunehmen wissen: sich zu wundern gibt es allemal Anlaß. Wer will, darf sich über die

Wellengleichung

wundern, denn sie ist offenbar ein fundamentales Naturgesetz.

Es wäre noch viel zu sagen zur Mathematik in der Musik, zum Beispiel auch im Rhythmus. Eingegangen werden soll hier nur noch auf das Thema Symmetrie.

Symmetrie ist immer ein Indiz der Vollkommenheit. Sie begegnet uns in der Geometrie, zum Beispiel der gotischen Kirchenfenster oder der barocken Gärten, wo sie etwas versteckt, damit es gesucht werden kann. Sie tritt in der Sprachmelodie auf, musikalisch im Krebsgang und in den Tempi der dreisätzigen Sonate (*schnell - langsam - schnell*), um nur die einfachsten zu nennen. Insbesondere zeigt das Größere Vollkommene System eine starke Symmetrie, wenn man die Spiegelung der Quinten und der Quarten an der Mittelachse betrachtet.

Eine besonders vollkommene Symmetrie enthält der Zauberflöten-Text *Mann und Weib und Weib und Mann reichen an die Gottheit ran*. Sie zeigt sich zunächst in der zentralen Symmetrie des Diagramms

durch welche die beiden auftretenden Begriffspaare aufeinander abgebildet werden. Dadurch wird zugleich auf deren eigene Symmetrie verwiesen.

Sie ginge verloren, wollte man die Begriffspaare durch (Mann,Frau) bzw. (Weib,Herr) ersetzen. Das Diagramm ist also nur auf die authorisierte Weise so vollkommen, wie es die Schlußformel zum Ausdruck bringt.

Zahlen verführen auch zur Spielerei oder gar zur Spekulation. Zum Beispiel kommen wohl im Werk von Béla Bartók die Tonintervalle gr. Sekunde, kl. Terz, reine Quarte, kl. Sexte und kl. None besonders häufig vor. In Halbtonschritten ausgedrückt entsprechen sie gerade den ersten Fibonacci-Zahlen, also den Zahlen (1,) 2, 3, 5, 8, 13,.... Die Summe zweier Fibonacci-Zahlen ergibt immer die nächste. Asymptotisch stehen zwei aufeinander folgende Fibonacci-Zahlen im Verhältnis des goldenen Schnitts. Das ist die Zahl

$$\tfrac{1}{2}(1 + \sqrt{5})$$

mit der ganz besonders merkenswerten, periodischen, Kettenbruch-Entwicklung

$$\tfrac{1}{2}(1 + \sqrt{5}) = [1, 1, 1, ...].$$

Der goldene Schnitt spielte schon in der Architektur und in der bildenden Kunst des Altertums eine große Rolle. Im Verhältnis des goldenen Schnitts steht auch die Diagonale eines regelmäßigen Fünfecks zu dessen Seiten, was *Leonardo da Vinci* zur Spekulation über die Proportionen des menschlichen Körpers veranlaßte.

Spielerisch wollen wir auch unseren Streifzug beenden, indem wir die Fibonacci-Zahlen in der Musik mit folgendem Kalauer nachweisen: Angenommen, ein Wesen von einem anderen Stern erblickt in seinem endlichen oder ewigen Leben zum ersten Male einen auf einer Kuhwiese des Ruhrgebietes stehenden geöffneten Flügel. So etwas gibt es tatsächlich, zum Beispiel in der Werbung zum Klavier-Festival Ruhr. Was sieht es? Nun, vielleicht erkennt es die Periodizität, mit welcher die Tasten angeordnet sind, und betrachtet die Grundperiode c–c'. Und wenn es zählen kann, so zählt es wie folgt:

    1   Grundperiode,
    2   schwarze Tasten links,
    3   schwarze Tasten rechts,
    5   schwarze Tasten also insgesamt,
    8   weiße Tasten, zusammen also
   13   Tasten insgesamt.

Nachdem es so die ersten 6 Fibonacci-Zahlen entdeckt hat, kann es natürlich mit einigem Recht an seinen Stern zurückmelden, daß die Klaviere,
zumindest im Ruhrgebiet, nach dem Fibonacci-Prinzip gebaut sind, und
daß die Menschen hier wohl an Fibonacci glauben.

Literatur (Eine Auswahl)

Der Kleine Pauly. Deutscher Taschenbuch Verlag, München 1979 (Nachdruck). U.a.:
 Bd. 1, p. 591 (Aristoxenos),
 Bd. 3, p. 1412 (Monochord), pp. 1486-1495 (griech. Musik),
 Bd. 4, pp. 1264-1270 (Pythagoras).

DBG-Musiklexikon (Friedrich Herzfeld, Hrsg.). Deutsche Buch-Gemeinschaft, Berlin etc. 1965.

J. Dieudonné: *Geschichte der Mathematik, 1700-1900.* (S. Gottwald e.a, Hrsg.). VEB Berlin 1985.

P. Benary: *Musik und Zahl.* HBS Nepomuk, Aarau 2001.

D. J. Benson: *Music, A Mathematical Offering.* Cambridge University Press, New York 2007.

R. Courant und D. Hilbert: *Methoden der Mathematischen Physik.* Springer, Berlin 1924.

Ph. J. Davis: *Interpolation and Approximation.* Blaisdell, New York etc. 1963.
(Besonders Lemma 11.2.3 und Theorem 11.2.4.)

B. Enders (Hrsg.): *Mathematische Musik – musikalische Mathematik.* PFAU, Saarbrücken 2005.

S. Gottwald e.a. (Hrsg.): Lexikon bedeutender Mathematiker. Bibliographisches Institut, Leipzig 1988.

Grimsehl – Tomaschek: Lehrbuch der Physik, 11. Auflage, Band I. Teubner, Leipzig und Berlin 1940.

R. Leis: Vorlesungen über Partielle Differential-Gleichungen zweiter Ordnung. Bilbliographisches Institut, Mannheim 1967. (Besonders Satz 5.2.1 und Satz 5.3.2.)

R. Meylan: Die Flöte. Hallwag, Bern 1978.

O. Scholz: Einführung in die Zahlentheorie. Göschen 1955.

O. Schlömilch: Logarithmische Tafeln. Vieweg, Braunschweig 1949. (Vorwort zur Geschichte der Logarithmen.)

G. N. Watson: A Treatise on the Theory of Bessel Functions. Cambridge University Press 1922. (Klassiker, aber kaum noch lesbar.)

Das Werk von D. J. Benson wurde mir erst nach Fertigstellung des Manuskripts bekannt.

Index

adiabatisch, 91
Akkorde, 176
akustischer Kurzschluß, 79
Amplitude, 66, 74
Amplituden-Diagramm, 75, 166, 179
Anfangswerte, 73, 102, 153
Approximation
    der Quarte, 55
    der Quinte, 55
Archytas, 5, 10, 72, 93, 133
Aristoxenos, 4, 10, 15, 72
Ausgleichsgerade, 52

b-durum, 57
b-rotundum, 57
Böhm, Theobald, 97
Böhmflöte, 97
Bürgi, Jobst, 36
Bach, Johann Sebastian, 40
Bessel
    -Differentialgleichung, 106, 129, 136
    -Funktion, 106, 149
    -Funktion 1. Art, 107
    -Funktion 2. Art, 109
    -Funktion, normierte, 109
    -Nullstellen, 108, 110, 111, 126, 137, 145
    -Ungleichung, 119, 149, 156
Bessel, Friedrich Wilhelm, 148
Bläser, 40
Boulez, Pierre, 178

Cembalo, 13, 15
Chinesischer Restesatz, 31
Chladni, E. F. F., 141
Chuquet, Nicolas, 35
Claviere, 15, 26

d'Alembert, Jean-Baptiste le Rond, 64
Dezimalbrüche, 36
Differentialgleichung, 59, 65
Division mit Rest, 28
Doppelgriffe, 71

Eichton, 47, 49, 50, 146, 147
Eichung, 69
Eigenschwingung, 66, 94
  als Ton, 129, 145
  der Membran, 106, 129, 139
  der Pauke, 149
Elastizitätskonstante, 80
Energie-Verteilung, 159
enharmonische Verwechslung, 26
Entropie, 50
Erhöhung, 25
Erniedrigung, 25
Erweiterung
  des 7-Ton-Systems, 23

Fagott, 90
Fell, 101
Fermat, Pierre de, 41
Fibonacci, 35
Fibonacci-Zahlen, 183
Fischer, J. K. Ferdinant, 40
Flöte, 39, 93
Flageolett-Töne, 79
Formel
  von Laplace, 91, 140
  von Mersenne, 70, 89, 95
Fourier
  -Koeffizienten, 73, 114, 117, 153
  -Reihe, 74, 114
  -Reihe, Konvergenz, 117, 120,
    121, 127
Frequenz, 66, 69, 106, 139
  einer Pfeife, 89

Ganztonschritt, 9, 22, 32
  großer, 9
  kleiner, 9
  übergroßer, 10, 34, 72, 133
Gesetz
  von Boyle-Mariotte, 84
  von Poisson, 91
Gleichgewicht der Kräfte, 62, 83
gleichschwebend, 35
gleichschwebende Temperatur, 37
goldener Schnitt, 168, 183
Grundlösung, 66, 69, 87
  als Ton, 69
Grundperiode, 13
Grundton, 72
  der Pauke, 101, 145, 146
GVS, 10

Halbtonschritt, 9, 22, 32
Harmonices Mundi, 181
Hauptdreiklänge, 48
Haydn, Joseph, 101
Hilbert, David, 156
Hilbert-Raum, 156, 158
Hooke-sches Gesetz, 80, 81
  für Gase, 85, 91
Huygens, Christiaan, 42, 44

Index, 106, 107, 136
inneres Produkt, 111, 150
Invarianz der Akkorde, 37, 39

Kammerton, 49, 51, 54, 69
Kepler, Johannes, 36, 181

Keplersche Gesetze, 42
Kettenbruch, 41, 132
    -Approximation, 42, 53, 148
    -Entwicklung, 43
    unendlicher, 44
Klang, 73, 74, 152
    -farbe, 47, 73, 74, 79, 89, 101,
        117, 149, 158
    -figur, 141
Klavier, 39
    Das Wohltemperierte, 40, 47,
        50
    gleichschwebend
        temperiertes, 40
kleinste Frequenz, 157
Knotenlinien, 140
Komma
    pythagoräisches, 4, 21, 34, 41
Kongruenz, 29
konische Bohrung, 70, 96
Konvergenz
    der Fourier-Reihe, 154
    gleichmäßige, 117, 120, 127
    in der Norm, 117, 118

Logarithmen, 36

Membran, 101
Mensur, 99
Mersenne, Marin, 70, 72, 96
Mersenne-sche Primzahl, 70
Monochord, 1, 2
Mozart, Wolfgang Amadeus, 97

n-Ton-Musik, 53, 55
Napier, John, 36
Naturton-Reihe
    harmonische, 72, 95
Norm, 111
normiert, 113

Obertöne, 72, 101
Obertonreihe
    der Pauke, 132, 145–147, 166
    der Pfeife, 88
    harmonische, 132, 166
Oktav-Parallelen, 179
Oktave, 3, 5, 17, 22, 27
    äquidistante Teilung, 37
    rationale Teilung, 35
Oktavfolge, 28
Orchester-Stimmung, 51
Ordnung, 72
    innere, 50
Orthogonalität der Bessel-
    Funktionen, 113
Orthogonalsystem, 110, 150
Orthonormalsystem, 113–117, 152
orthonormiert, 113
Ortsgleichung, 105, 106

Pauke, 72, 100
    Frequenzen, 131
Paukenschlag, 101
Periodisierung
    mit der Oktave, 14, 25
Pfeife, 86
    geschlossene, 86

ideale, 99
offene, 93
Phase, 66, 74
Planetarium, 42
Planeten-Bewegung, 181
Platon, 9
Primfaktorzerlegung
    eindeutige, 19
Primzahlen, 20
Produktansatz, 104, 134
Pythagoras, 2, 34, 71, 181

Quantz, Joh. Joachim, 97
Quarte, 3, 5, 17, 22
Quarten-Vollständigkeit, 18, 21
Querflöte, 94, 95
Quinte, 3, 5, 17, 21, 22, 27, 71
    iterierte, 29
    nichtreine, 23, 24
    reine, 23, 34, 35, 40
Quinten-Vollständigkeit, 18, 20
Quintenzirkel, 30

Randbedingungen, 65, 87, 94, 128
Randwerte, 61, 102
reine Stimmung, 16
Resonanzkörper, 79
Rohrlänge
    der Querflöte, 95
    des Fagotts, 92

Saiten
    -Dichte, 71
    -Spannung, 71
Saitenlänge, 2, 69

Satz
    über simultane
        Kongruenzen, 31
    von Zermelo, 19, 20
Schönberg, Arnold, 52
Schallgeschwindigkeit, 92, 95
Schwarz, Hermann Amandus, 157
schwingende
    Luftsäule, 84, 94
    Membran, 60, 100
    Saite, 60, 61, 79
schwingender Stab, 80
Schwingungen, 59, 103
    als Ton, 103
    der Membran, 103
    konzentrische, 106, 128
    longitudinale, 60
    transversale, 60, 61
    zirkulante, 133
Schwingungs
    -Bauch, 87, 94
    -Knoten, 86
Spannung
    im Fell, 146
Sphärenmusik, 181
stehende Welle, 144
Stifel, Michael, 36
Stimmung, 47
    reine, 50, 51
    temperierte, 50, 51
Streicher, 39
Struktur
    -Diagramm, 8

der zentralen Tetrachorde, 9
des GVS, 10

Taylor, Brook, 71
Teilung der Oktave, 53
Temperatur
    gleichschwebende, 4, 35, 39, 47
    mitteltönige, 26, 39
Terz, 3, 15, 17, 22
    kleine, 18, 22
    pythagoräische, 4, 15
Tetrachord, 2, 6
Ton
    "der", 29
    hoch/tief, 2
Tonalität, 52
Tonart
    diatonische, 40
    Dur-, 49
    moll, 49
Tonarten-Charakteristik, 47
Tonbezeichnungen, 6, 57
Tonhöhe, 2, 59, 131
    und Frequenz, 69
Tonleiter
    diatonische, 32
    Dur-, 33
    Ganz-, 33
    griechische, 12
    im 12-Ton-System, 32
    moll-, 33
    pentatonische, 34
Tonskala
    -Erhöhung, 51

äquidistant logarithmische, 37
Eichung, 37
gleichschwebend temperiert, 37,
    45
reine Stimmung, 45
Tonsystem
    das Größere Vollkommene -, 10
    der Renaissance, 13
    des griechischen Altertums, 2, 6
    des Pythagoras, 3
    Erweiterung, 13
    sieben -, 13, 18
    siebzehn -, 26
    zwölf -, 27
Transformation
    von Akkorden, 35
Transposition, 39
Trennung der Veränderlichen, 65,
    104, 135
Tritonus, 177

verschränkt, 10, 13
vollkommene Zahl, 70
Vollständigkeit, 117, 121, 156
    Oktaven-, 18
    Quinten-, 18

Wellengleichung, 60, 83, 85, 182
    (2d), 64
    (3d), 103, 140
    inhomogene, 98
Wellenlänge, 93
Werckmeister, Andreas, 37
Wohlklang, 1, 2, 72

Zahlen
    algebraische, 35, 44
    ganze, 27
    irrationale, 40, 43
    natürliche, 1
    rationale, 35, 43
    transzendente, 35, 44
    vollkommene, 70

Zahlentheorie, 27, 34
Zeitgleichung, 105
zentrale Tetrachorde, 6
Zermelo, 19
Zwölfton
    -Methode, 52
    -Musik, 48, 52
Zwischentöne, 45